新编简明建筑工程预算

（含工程量清单计价）

黄 梅 主编

中国建材工业出版社

图书在版编目(CIP)数据

新编简明建筑工程预算:含工程量清单计价/黄梅
主编. —北京:中国建材工业出版社,2015.4
ISBN 978-7-5160-1182-9

Ⅰ.①新… Ⅱ.①黄… Ⅲ.①建筑预算定额 Ⅳ.
①TU723.3

中国版本图书馆 CIP 数据核字(2015)第 056793 号

内 容 提 要

　　本书根据《全国统一建筑工程基础定额》和 2013 版《建设工程工程量清单计价规范》编写。主要叙述建筑工程预算的编制步骤与方法,内容包括:建筑面积计算规则、基础定额工程量计算、工程量清单及其计价格式、工程量清单工程量计算、工程造价计算、材料用量计算、建筑工程预算审核、工程预算编制实例、常用算量公式索引等。为方便读者使用,本书附有常用算量公式索引。

　　本书可供广大建筑工程预算编制人员、基建管理人员、预算审核人员参考,也可供建筑类师生阅读。

新编简明建筑工程预算(含工程量清单计价)
黄 梅 主编

出版发行:中国建材工业出版社
地　　址:北京市海淀区三里河路 1 号
邮　　编:100044
经　　销:全国各地新华书店
印　　刷:北京雁林吉兆印刷有限公司
开　　本:850mm×1168mm　1/32
印　　张:7.75
字　　数:200 千字
版　　次:2015 年 4 月第 1 版
印　　次:2015 年 4 月第 1 次
定　　价:27.80 元

本社网址:www.jccbs.com.cn　　微信公众号:zgjcgycbs
本书如出现印装质量问题,由我社市场营销部负责调换。联系电话:(010)88386906

前　　言

随着我国经济建设的发展,建筑工程预算的任务越来越繁重,因此,许多从事工程建筑预算的技术人员急需更新相关的知识和技能。我们很希望这本书能够为他们提供一些帮助。通过多年的教学实践与研究,本书参照最新的行业相关规定,对建筑工程预算进行了全面阐述。

全书内容包括编制建筑工程预算准备、建筑面积计算规则、基础定额分部分项工程划分、基础定额工程量计算、定额调整、工程量清单分部分项工程划分、工程量清单及计价格式、工程量清单工程量计算、工程造价计算、建筑工程预算审核、工程预算编制实例共十三部分内容。

本书可供从事建筑工程预算的技术人员参考使用,也可供相关院校师生参考学习使用。

本书在编写过程中参阅和借鉴了许多优秀书籍和有关文献资料,并得到了有关领导和专家的指导帮助,在此一并向他们致谢。由于编者的学识和经验所限,虽尽心尽力,但书中仍难免存在疏漏或未尽之处,恳请广大读者和专家批评指正。

编者

2015. 3

目　　录

1 编制建筑工程预算准备

建筑工程预算是反映建筑工程造价及主要材料需用量的经济文件。

除招标工程外,一般情况下,建筑工程预算由施工企业经营科(或合同预算科)人员负责编制,建设单位基建科人员负责审核。

建筑工程预算所列工程造价,如果工程施工过程中没有施工图修改、材料变更等情况发生,预算工程造价就作为工程款结算的依据。若施工过程中有所变更,则仅修改变更项目的费用及工程造价,这些费用将在建筑工程决算中有所体现。建筑工程决算也作为工程款结算的依据。招标工程,按合同约定执行。

施工企业准备材料,可参照预算中的主要材料用量编制的施工预算进行采购。

建设单位筹集建设资金,可参照预算中的工程造价或招标承包合同价进行筹款。

建设单位给施工企业的工程预付款,可参照工程造价的百分率进行付款。

建筑工程预算(或决算)作为建筑工程的技术档案,应妥为保管。

1.1 图纸及资料准备

1. 全套建筑施工图:包括建筑用料说明、建筑平面图、建筑立面图、建筑剖面图、屋顶平面图、建筑节点详图等;

2. 全套结构施工图:包括结构用料说明、结构平面图、钢筋混凝土结构配筋图、钢结构或木结构大样图、结构节点详图等;

3. 索引的建筑构配件标准图;

4. 索引的结构构件标准图;

5. 建筑工程施工组织设计或施工方案;

6. 工程地质勘察报告;

7. 现行的建筑工程基础定额或建筑工程预算定额等;

8. 当地建设行政主管部门颁发执行的有关工程预算的指导性文件;

9. 现行的工程量清单计价规范;

10. 施工企业资质证书及营业执照;

11. 招标工程的招标文件;

12. 编制预算人员的造价工程师证书及预算上岗证。

1.2　定额应用

1. 应用基础定额编制预算时,需用下列定额本:

(1)中华人民共和国建设部《全国统一建筑工程基础定额》土建·上、下册(GJD—101—95);

(2)中华人民共和国建设部《全国统一建筑工程预算工程量计算规则》土建工程 GJDGZ—101—95;

(3)中华人民共和国建设部《全国统一施工机械台班费用定额》

(4)各省、自治区、直辖市建设行政主管部门《建筑材料预算价格表》(用前一年出版的);

(5)各省、自治区、直辖市建设行政主管部门《建筑工程费用定额》(用前一年出版的)。

2. 应用预算定额编制预算时,需用下列定额本:

(1)各省、自治区、直辖市建设行政主管部门《地区建筑工程预算定额》(地区为各省、自治区、直辖市的名称);

(2)中华人民共和国建设部《全国统一建筑工程预算工程量计

算规则》土建工程 GJDGZ—101—95；

（3）各省、自治区、直辖市建设行政主管部门《建筑工程费用定额》。

1.2.1 《全国统一建筑工程基础定额》应用

《全国统一建筑工程基础定额》土建·上、下册 GJD—101—95，由中华人民共和国建设部标准定额司主编，原建设部批准，自 1995年 12 月 15 日起执行。

《全国统一建筑工程基础定额》（以下简称基础定额本）是完成规定计量单位分项工程计价的人工、材料、施工机械台班消耗量标准；是统一全国建筑工程预算工程量计算规则、项目划分、计量单位的依据；是编制地区建筑工程预算定额、确定工程造价、编制概算定额及投资估算指标的依据；也可作为制定招标工程标底、企业定额和投标报价的基础。

基础定额本内容包括：总说明、14 章分部工程基础定额表（土石方，桩基础，脚手架，砌筑，混凝土及钢筋混凝土，构件运输及安装，门窗及木结构，楼地面，屋面及防水，防腐保温隔热，装饰，金属结构制作工程以及建筑工程垂直运输，建筑物超高增加人工、机械定额）、附录（混凝土、砂浆配合比表）等。

总说明中阐明：本定额的功能；本定额的适用范围；本定额编制按照的施工条件及工艺；本定额编制依据标准及资料；人工工日、材料、施工机械台班消耗量的确定原则；本定额适用地区；工程内容包括范围等。

各分部工程基础定额表前面都有说明，该说明主要是阐明该分部工程所属各分项子目基础定额的使用方法、定额调整以及和计算有关的规定等。

各分部工程所属分项子目基础定额表内容包括：分项工程名称、子目编号及名称、工作内容、计量单位、人工综合工日消耗量、材料消耗量、机械台班消耗量等。从基础定额表中可以查得某个分项子目在规定的计量单位下,其人工、材料及机械台班消耗量。例如:基础定额本中定额编号为4-1至4-4子目的基础定额表(表1-1)上有,分项工程名称(砖基础);工作内容;计量单位;砖基础及单面清水砖墙的人工、材料、机械台班消耗量等。如完成 $10m^3$ 一砖厚单面清水砖墙,则需要人工 18.87 工日;水泥混合砂浆(M2.5)$2.25m^3$;普通黏土砖 5.314 千块(5314 块);水 $1.06m^3$;灰浆搅拌机(200L)0.38 台班。又如基础定额本中定额编号为 5-392 至 5-394 子目的基础定额表(表1-2)上有,分项工程名称(现浇混凝土);工作内容;计量单位;人工挖土桩护井壁混凝土及带型基础混凝土的人工、材料、机械台班消耗量等。如完成 $10m^3$ 带型基础混凝土,则需要人工 9.56 工日;现浇混凝土(C20)$10.15m^3$;草袋子 $2.52m^2$;水 $9.19m^3$;混凝土搅拌机(400L)0.39 台班;混凝土振捣器(插入式)0.77 台班;机动翻斗车(1t)0.78 台班。

砖基础、砖墙

工作内容:砖基础:砂浆制作、运输,砌砖,防潮层铺设,材料运输。砖墙:砂浆制作、运输,砌砖,刮缝,砖压顶砌筑,材料运输。

表 1-1 $10m^3$

定 额 编 号			4-1	4-2	4-3	4-4
项　　目		单　位	砖基础	单面清水砖墙		
				1/2 砖	3/4 砖	1 砖
人工	综合工日	工日	12.18	21.97	21.63	18.87
材料	水泥砂浆 M5	m^3	2.36	—	—	—
	水泥砂浆 M10	m^3	—	1.95	2.13	—
	水泥混合砂浆 M2.5	m^3	—	—	—	2.25
	普通黏土砖	千块	5.236	5.641	5.510	5.314
	水	m^3	1.05	1.13	1.10	1.06
机械	灰浆搅拌机 200L	台班	0.39	0.33	0.35	0.38

4

现浇混凝土基础

工作内容:1.模板及支撑制作、安装、拆除、堆放、运输及清理模内杂物、刷隔离剂等。
2.混凝土制作、运输、浇筑、振捣、养护。

表 1-2   10m³

定 额 编 号		5-392	5-393	5-394
项 目	单 位	人工挖土桩护井壁混凝土	带形基础	
			毛石混凝土	混凝土
人工	综合工日	工日	18.69	8.37	9.56
材料	现浇混凝土 C20	m³	10.15	8.63	10.15
	草袋子	m²	2.30	2.39	2.52
	水	m³	9.39	7.89	9.19
	毛石	m³	—	2.72	—
机械	混凝土搅拌机 400L	台班	1.00	0.33	0.39
	混凝土振捣器(插入式)	台班	2.00	0.66	0.77
	机动翻斗车 1t	台班	—	0.66	0.78

1.2.2 《全国统一施工机械台班费用定额》应用

《全国统一施工机械台班费用定额》(以下简称机械费用定额本)作为各省、自治区、直辖市和国务院有关部门编制工程建设概、预算定额,确定施工机械台班预算价格的依据及确定施工机械租赁台班费的参考。

机械费用定额本内容包括:说明、12类机械(土石方及筑路机械、打桩机械、起重机械、水平运输机械、垂直运输机械、混凝土及砂浆机械、加工机械、泵类机械、焊接机械、动力机械、地下工程机械和其他机械)费用定额表、附表、附录(编制说明、基础数据汇总表)。

说明中阐述:本定额功能、本定额内容、本定额每台班工作制、本定额费用组成、某些费用调整规定等。

每类施工机械费用定额表中列有编号、机械名称、机型、规格型号、台班基价及费用组成。费用组成包括：折旧费、大修理费、经常修理费、安拆费及场外运费、燃料动力费、人工费、养路费及车船使用税。台班基价是以上各种费用之和。查取某种施工机械台班基价，可依据机械类别、名称、机型、规格型号等条件，从相应费用定额表中得出其台班基价(其中养路费及车船使用税应按当地有关规定标准计入台班费用内)。

附表内容包括：附表说明；塔式起重机基础及轨道铺拆费用表；特、大型机械每安装、拆卸一次费用表；特、大型机械场外运输费用表。

基础数据汇总表中，列出各类施工机械的名称、机型、规格型号、预算价格、残值率、年工作台班、折旧年限、大修间隔台班、使用台班、使用周期、耐用总台班、一次大修费、K 值。K 值是表示机械台班经常修理费与机械台班大修费之比。

1.2.3 《地区建筑工程预算定额》应用

《地区建筑工程预算定额》是指《××省(自治区、直辖市)建筑工程预算定额》，由××省(自治区、直辖市)建设行政主管部门颁发，自颁发日起执行。

《地区建筑工程预算定额》(以下简称预算定额本)作为××省(自治区、直辖市)编制建筑工程概算及施工图预算的依据；用于招标工程时，作为编制审查建筑工程标底的依据。

预算定额本的内容与基础定额本的内容基本上是一致的，并在各个分部工程中分项子目定额表上作了补充。补充的内容有：人工综合工日单价、各种材料单价、各种机械台班单价，从而算出了每个分项子目的人工费、材料费、机械费及基价(基价是人工费、材料费及机械费之和)。这些列出的人工费、材料费、机械费是在规定计量单位下的费用，应称为人工费单价、材料费单价、机械费单价。

人工综合工日单价由当地劳动管理部门和物价管理部门共同制定。

材料单价按当地颁发的《建筑材料预算价格表》中所列的材料单价。

机械台班单价按《全国统一施工机械台班费用定额》中所列的机械台班单价。

1.2.4 《地区建筑工程费用定额》应用

《××省建筑工程费用定额》是指《××省(自治区、直辖市)费用定额》,由××省(自治区、直辖市)建设行政主管部门颁发,自颁发日起执行。

《××省建筑工程费用定额》(以下简称费用定额本)作为本省(自治区、直辖市)编制建筑工程概、预算和结算的依据;招标、投标工程编制标底的依据。

费用定额本内容包括:说明、建筑工程费用定额、装饰工程费用定额、附表等。

说明中阐明:本定额功能、本定额内容、本定额各项费用的组成、本定额使用范围等。

建筑工程费用定额中包括:适用范围、建筑工程间接费费率表、建筑工程差别利润表、建筑工程税率表、一般土建工程类别划分表等。

装饰工程费用定额中包括:适用范围、装饰工程间接费费率表、装饰工程差别利润率表、装饰工程税率表等。

附表内容主要是一般土建工程取费程序表、单项工程取费程序表、装饰工程取费程序表等。

《××省建筑工程费用定额》应与《××省建筑工程预算定额》配合应用,并随《××省建筑工程预算定额》重编而修改。

1.3 预算书表式

建筑工程预算书内容包括：封面、工程量计算表、直接工程费计算表、工程造价计算表、主要材料统计表及编制说明等。

各表的表式如下：

表1-3 封面表式

预算编号

建筑工程预算书

（　　部分）

建设单位：

单位工程名称：　　　　　　　　　　　建筑面积　　 m²

工程造价　元　　　　　　　　　　　单位面积造价　　 元/m²

审核单位：　　　　　　　　　　　　编制单位：

审核人：　　　　　　　　　　　　　编制人：

编制日期:20 　年　　月　　日

表 1-4 工程量计算表

序号	定额编号	分项子目名称	计算式	单 位	工程量

复核：　　　　　　　　　　　　　　　计算：

表 1-5 直接工程费计算表

序号	定额编号	分项子目名称	单位	工程量	人工费(元)		材料费(元)		机械费(元)		总价(元)
					单价	合价	单价	合价	单价	合价	

表 1-6 工程造价计算表

序号	费用名称		计 算 式	价格(元)
1	直接费	直接工程费		
		措 施 费		
2	间 接 费			
3	利 润			
4	税 金			
5	工程造价			

主管：　　　　　　　　复核：　　　　　　　　编制：

表 1-7 主要材料统计表

序号	定额编号	分项子目名称	（材料名称）		
			（材料计量单位）		

1.4 建筑工程预算编制步骤

编制建筑工程预算（包括单项工程预算及装饰工程预算）一般需要经过以下步骤：

1. 图纸、定额本准备

准备好所需用的建筑工程施工图，主要是建筑施工图及其索引标准图、结构施工图及其索引标准图；有施工组织设计者予以备用。

准备好所需用的定额本，主要是地区建筑工程预算定额本，如当地无预算定额本，则要准备基础定额、机械台班费用定额本、材料预算价格表等。

准备好工程预算各种应用表式。

准备 8 位以上的计算器。

2. 看施工图

仔细阅读建筑施工图、结构施工图以及所索引的标准图，特别要注意各部位的具体尺寸及构造做法。施工图上如有差错，应及时向设计单位提出，以修正后为准。

3. 学习定额

认真学习所需用的定额本,最好是把定额本从头到尾仔细看一遍,对于定额本上的说明、适用范围、定额调整等应予以特别注意。

4. 计算面积

按建筑面积计算范围规定,仔细计算建筑工程的面积,面积以平方米为单位,准确至小数点后两位。

5. 列分部分项子目

参照基础定额本、预算定额本的分部、分项工程划分,列出建筑工程的分部分项子目名称及其编号,誊清在工程量计算表上。

6. 计算工程量

参照《全国统一建筑工程预算工程量计算规则》计算出各个分项子目的工程量。可利用数学公式计算。工程量的计量单位应与定额表右上角所列计量单位一致。各分项子目的工程量计算应誊清在工程量计算表上。

7. 查取定额

当应用预算定额本编制工程预算时,按各分项子目所用材料、构造做法、使用机械等施工条件,在相应的定额表上查取其人工费单价、材料费单价、机械费单价,并把这三项费单价连同子目编号、子目名称、工程量及计量单位誊清在直接工程费计算表上。

当应用基础定额本编制工程预算时,按各分项子目所用材料、构造做法、使用机械等施工条件,在相应的定额表上查取其人工综合工日定额、各种材料耗用定额、各种机械台班定额。将综合工日定额乘以工日单价得出人工费单价;将材料耗用定额乘以材料单价得出材料费单价;将机械台班定额乘以机械台班基价得出机械费单价,并把这三项费用单价连同子目编号、子目名称、工程量及计量单位誊清在直接工程费计算表上。

8. 计算直接费

按各分项子目的次序,逐个计算其人工费、材料费、机械费。人工费合价是工程量乘以人工费单价;材料费合价是工程量乘以材料费单价;机械费合价是工程量乘以机械费单价。人工费合价、材料费合价及机械费合价相加之和就是该分项子目的总价,把各个分项子目的总价相加之和即是直接工程费。参照上述方法及有关规定,计算出措施费。直接工程费与措施费之和即为直接费。

9. 计算工程造价

参照《××省建筑工程费用定额》,根据工程类别等条件,查取间接费费率,计算出间接费;查取差别利润率,计算出差别利润;查取税率,计算出税金。把直接费、间接费、差别利润、税金四项费用相加即为单位工程造价。单位工程造价各项费用计算应填入工程造价计算表内。

10. 计算材料量

参照基础定额本或预算定额本,查出各分项子目的材料耗用定额,将工程量乘以相应材料耗用定额得出材料耗用量。把主要材料耗用量填入材料统计表中,同品种同规格的材料应相加汇总。

施工企业为了准备主要材料,才计算材料量,一般小型建筑工程是不计算材料量的。

11. 预算审核

除招标工程外,一般情况下,工程预算编制完成后装订成册,施工企业经营科进行自审及复核,送建设单位基建科审核,改正差错后才能批准。批准后的建筑工程预算作为工程拨款的依据、编制建筑工程的决算基础资料、建筑工程的技术档案。

2 建筑面积计算规则

2.1 计算建筑面积的范围

1. 建筑物的建筑面积应按自然层外墙结构外围水平面积之和计算。结构层高在 2.20m 及以上的,应计算全面积;结构层高在 2.20m 以下的,应计算 1/2 面积。

2. 建筑物内设有局部楼层时,对于局部楼层的二层及以上楼层,有围护结构的应按其围护结构外围水平面积计算,无围护结构的应按其结构底板水平面积计算。结构层高在 2.20m 及以上的,应计算全面积;结构层高在 2.20m 以下的,应计算 1/2 面积。

3. 形成建筑空间的坡屋顶,结构净高在 2.10m 及以上的部位应计算全面积;结构净高在 1.20m 及以上至 2.10m 以下的部位应计算 1/2 面积;结构净高在 1.20m 以下的部位不应计算建筑面积。

4. 场馆看台下的建筑空间,结构净高在 2.10m 及以上的部位应计算全面积;结构净高在 1.20m 及以上至 2.10m 以下的部位应计算 1/2 面积;结构净高在 1.20m 以下的部位不应计算建筑面积。室内单独设置的有围护设施的悬挑看台,应按看台结构底板水平投影面积计算建筑面积。有顶盖无围护结构的场馆看台应按其顶盖水平投影面积的 1/2 计算面积。

5. 地下室、半地下室应按其结构外围水平面积计算。结构层高在 2.20m 及以上的,应计算全面积;结构层高在 2.20m 以下的,应计算 1/2 面积。

6. 出入口外墙外侧坡道有顶盖的部位,应按其外墙结构外围水平面积的 1/2 计算面积。

7. 建筑物架空层及坡地建筑物吊脚架空层,应按其顶板水平投影面积计算建筑面积。结构层高在 2.20m 及以上的,应计算全面积;结构层高在 2.20m 以下的,应计算 1/2 面积。

8. 建筑物的门厅、大厅应按一层计算建筑面积,门厅、大厅内设置的走廊应按走廊结构底板水平投影面积计算建筑面积。结构层高在 2.20m 及以上的,应计算全面积;结构层高在 2.20m 以下的,应计算 1/2 面积。

9. 建筑物间的架空走廊,有顶盖和围护结构的,应按其围护结构外围水平面积计算全面积;无围护结构、有围护设施的,应按其结构底板水平投影面积计算 1/2 面积。

10. 立体书库、立体仓库、立体车库,有围护结构的,应按其围护结构外围水平面积计算建筑面积;无围护结构、有围护设施的,应按其结构底板水平投影面积计算建筑面积。无结构层的应按一层计算,有结构层的应按其结构层面积分别计算。结构层高在 2.20m 及以上的,应计算全面积;结构层高在 2.20m 以下的,应计算 1/2 面积。

11. 有围护结构的舞台灯光控制室,应按其围护结构外围水平面积计算。结构层高在 2.20m 及以上的,应计算全面积;结构层高在 2.20m 以下的,应计算 1/2 面积。

12. 附属在建筑物外墙的落地橱窗,应按其围护结构外围水平面积计算。结构层高在 2.20m 及以上的,应计算全面积;结构层高在 2.20m 以下的,应计算 1/2 面积。

13. 窗台与室内楼地面高差在 0.45m 以下且结构净高在 2.10m 及以上的凸(飘)窗,应按其围护结构外围水平面积计算 1/2 面积。

14. 有围护设施的室外走廊(挑廊),应按其结构底板水平投影面积计算 1/2 面积;有围护设施(或柱)的檐廊,应按其围护设施(或柱)外围水平面积计算 1/2 面积。

15. 门斗应按其围护结构外围水平面积计算建筑面积。结构层高在2.20m及以上的,应计算全面积;结构层高在2.20m以下的,应计算1/2面积。

16. 门廊应按其顶板水平投影面积的1/2计算建筑面积;有柱雨篷应按其结构板水平投影面积的1/2计算建筑面积;无柱雨篷的结构外边线至外墙结构外边线的宽度在2.10m及以上的,应按雨篷结构板的水平投影面积的1/2计算建筑面积。

17. 设在建筑物顶部的、有围护结构的楼梯间、水箱间、电梯机房等,结构层高在2.20m及以上的应计算全面积;结构层高在2.20m以下的,应计算1/2面积。

18. 围护结构不垂直于水平面的楼层,应按其底板面的外墙外围水平面积计算。结构净高在2.10m及以上的部位,应计算全面积;结构净高在1.20m及以上至2.10m以下的部位,应计算1/2面积;结构净高在1.20m以下的部位,不应计算建筑面积。

19. 建筑物的室内楼梯、电梯井、提物井、管道井、通风排气竖井、烟道,应并入建筑物的自然层计算建筑面积。有顶盖的采光井应按一层计算面积,结构净高在2.10m及以上的,应计算全面积,结构净高在2.10m以下的,应计算1/2面积。

20. 室外楼梯应并入所依附建筑物自然层,并应按其水平投影面积的1/2计算建筑面积。

21. 在主体结构内的阳台,应按其结构外围水平面积计算全面积;在主体结构外的阳台,应按其结构底板水平投影面积计算1/2面积。

22. 有顶盖无围护结构的车棚、货棚、站台、加油站、收费站等,应按其顶盖水平投影面积的1/2计算建筑面积。

23. 以幕墙作为围护结构的建筑物,应按幕墙外边线计算建筑面积。

24. 建筑物的外墙外保温层,应按其保温材料的水平截面积计算,并计入自然层建筑面积。

25. 与室内相通的变形缝,应按其自然层合并在建筑物建筑面积内计算。对于高低联跨的建筑物,当高低跨内部连通时,其变形缝应计算在低跨面积内。

26. 对于建筑物内的设备层、管道层、避难层等有结构层的楼层,结构层高在 2.20m 及以上的,应计算全面积;结构层高在 2.20m 以下的,应计算 1/2 面积。

2.2 不计算建筑面积的范围

1. 与建筑物内不相连通的建筑部件。

2. 骑楼、过街楼底层的开放公共空间和建筑物通道。

3. 舞台及后台悬挂幕布和布景的天桥、挑台等。

4. 露台、露天游泳池、花架、屋顶的水箱及装饰性结构构件。

5. 建筑物内的操作平台、上料平台、安装箱和罐体的平台。

6. 勒脚、附墙柱、垛、台阶、墙面抹灰、装饰面、镶贴块料面层、装饰性幕墙,主体结构外的空调室外机搁板(箱)、构件、配件,挑出宽度在 2.10m 以下的无柱雨篷和顶盖高度达到或超过两个楼层的无柱雨篷。

7. 窗台与室内地面高差在 0.45m 以下且结构净高在 2.10m 以下的凸(飘)窗,窗台与室内地面高差在 0.45m 及以上的凸(飘)窗。

8. 室外爬梯、室外专用消防钢楼梯。

9. 无围护结构的观光电梯。

10. 建筑物以外的地下人防通道,独立的烟囱、烟道、地沟、油(水)罐、气柜、水塔、贮油(水)池、贮仓、栈桥等构筑物。

2.3 计算建筑面积举例

某地有一建筑,如图 2-1 所示。试根据图中给出的已知条件,计算该建筑的建筑面积。

16

【解】

设建筑面积为 S，底层建筑面积为 S_1，二层及其他面积为 S_2，则：

（1）底层建筑面积为：

$$S_1 = (10.2 + 0.12 \times 2) \times (12 + 3 + 0.12 \times 2)$$
$$= 10.44 \times 15.24$$
$$= 159.11(\mathrm{m}^2)$$

（2）二层及其他面积为：

$$S_2 = (10.2 + 0.24) \times (3 + 0.24) \times 2 + (10.2 + 0.12 \times 2)$$
$$\times (3 + 0.12 \times 2) \times \frac{1}{2}$$
$$= 10.44 \times 3.24 \times \frac{5}{2}$$
$$= 84.56(\mathrm{m}^2)$$

（3）建筑物的总面积为：

$$S = S_1 + S_2$$
$$= 159.11 + 84.56$$
$$= 243.67(\mathrm{m}^2)$$

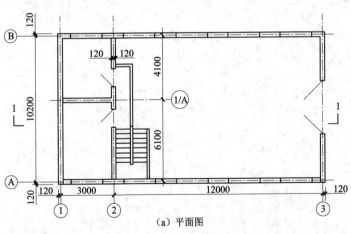

（a）平面图

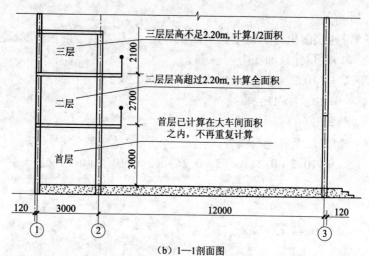

(b) 1—1剖面图

图 2-1　建筑示意图

3 基础定额分部分项工程划分

根据《全国统一建筑工程基础定额》,建筑工程(建筑物和构筑物)划分为 13 个分部工程,即:土石方工程,桩基础工程,脚手架工程,砌筑工程,混凝土及钢筋混凝土工程,构件运输及安装工程,门窗及木结构工程,楼地面工程,屋面及防水工程,防腐、保温、隔热工程,装饰工程,金属结构制作工程,建筑工程垂直运输。分部工程名称相当于基础定额本上的章名。

每个分部工程中划分为若干分项工程。分项工程名称相当于基础定额本上的节名(一、二、三……)。例如:砌筑分部工程中划分为砌砖、砌石两个分项工程;又如:构件运输及安装分部工程中划分为构件运输、预制混凝土构件安装、金属结构构件安装三个分项工程。

建筑工程分部分项划分见表 3-1。

表 3-1　建筑工程分部分项划分

序	分部工程名称	分项工程名称
1	土石方工程	人工土石方;机械土石方
2	桩基础工程	柴油打桩机打预制钢筋混凝土桩;预制钢筋混凝土桩接桩;液压静力压桩机压预制钢筋混凝土方桩;打拔钢板桩;打孔灌注混凝土桩;长螺旋钻孔灌注混凝土桩;潜水钻钻孔灌注混凝土桩;泥浆运输;打孔灌注砂、碎石或砂石桩;灰土挤密桩;桩架90°调面、超运距移动
3	脚手架工程	外脚手架;里脚手架;满堂脚手架;悬空脚手架、挑脚手架、防护架;依附斜道;安全网;烟囱(水塔)脚手架、电梯井字架;架空运输道
4	砌筑工程	砌砖、砌石

序	分部工程名称	分 项 工 程 名 称
5	混凝土及钢筋混凝土工程	现浇混凝土模板;预制混凝土模板;构筑物混凝土模板;钢筋;现浇混凝土;预制混凝土;构筑物混凝土;钢筋混凝土构件接头灌缝;集中搅拌、运输、泵输送混凝土
6	构件运输及安装工程	构件运输;预制混凝土构件安装;金属结构件安装
7	门窗及木结构工程	门窗;木结构
8	楼地面工程	垫层;找平层;整体面层;块料面层;栏杆、扶手
9	屋面及防水工程	屋面;防水;变形缝
10	防腐、保温、隔热工程	防腐;保温隔热
11	装饰工程	墙柱面装饰;天棚装饰;油漆、涂料、裱糊
12	金属结构制作工程	钢柱制作;钢屋架、钢托架制作;钢吊车梁、钢制动梁制作;钢吊车轨道制作;钢支撑、钢檩条、钢墙架制作;钢平台、钢梯子、钢栏杆制作;钢漏斗、H型钢制作;球节点钢网架制作;钢屋架、钢托架制作平台摊销
13	建筑工程垂直运输	建筑物垂直运输;构筑物垂直运输

　　每个分项工程中根据使用材料、施工条件、构造方法等不同情况,又分为若干子目。每个子目有一个编号×-×××,前面数字代表分部工程序号,后面数字代表该分部工程中子目序号。例如:4-10子目,则是砌筑分部工程(第4章)的第10号子目为1砖厚混水砖墙。

　　每个子目应计算其工程量,查取定额,计算该子目的人工费、材料费及机械费。

4 基础定额工程量计算

计算建筑工程量应依据以下文件：

1.《全国统一建筑工程基础定额》(土建 GJD—101—95)；

2.《全国统一建筑工程预算工程量计算规则》(土建 GJDGZ—101—95)；

3. 经审定的施工设计图纸及其说明；

4. 经审定的施工组织设计或施工技术措施方案；

5. 经审定的其他有关技术经济文件。

计算建筑工程量，以设计图纸表示的尺寸或设计图纸能读出的尺寸为准。

计算建筑工程量时，应依照基础定额本(或预算定额本)上分部、分项子目顺序，逐项计算，计算结果填入工程量计算表内。

4.1 土石方工程

计算土石方工程量前，应确定下列各项资料：

1. 土壤及岩石类别的确定：土石方工程土壤及岩石类别的划分，依工程勘测资料与《土壤分类表》、《岩石分类表》对照后确定(表4-1、表4-2)；

表4-1 土壤分类表

土壤分类	土壤名称	开挖方法
一、二类土	粉土、砂土(粉砂、细砂、中砂、粗砂、砾砂)、粉质黏土、弱中盐渍土、软土(淤泥质土、泥炭、泥炭质土)、软塑红黏土、冲填土	用锹,少许用镐、条锄开挖。机械能全部直接铲挖满载者
三类土	黏土、碎石土(圆砾、角砾)混合土、可塑红黏土、硬塑红黏土、强盐渍土、素填土、压实填土	主要用镐、条锄,少许用锹开挖。机械需部分刨松方能铲挖满载者或可直接铲挖但不能满载者
四类土	碎石土(卵石、碎石、漂石、块石)、坚硬红黏土、超盐渍土、杂填土	全部用镐、条锄挖掘,少许用撬棍挖掘。机械须普遍刨松方能铲挖满载者

注:本表土的名称及其含义按国家标准《岩土工程勘察规范》(GB 50021—2001,2009 年版)定义。

表4-2 岩石分类表

岩石分类		代表性岩石	开挖方法
极软岩		1. 全风化的各种岩石 2. 各种半成岩	部分用手凿工具、部分用爆破法开挖
软质岩	软岩	1. 强风化的坚硬岩或较硬岩 2. 中等风化—强风化的较软岩 3. 未风化—微风化的页岩、泥岩、泥质砂岩等	用风镐和爆破法开挖
	较软岩	1. 中等风化—强风化的坚硬岩或较硬岩 2. 未风化—微风化的凝灰岩、千枚岩、泥灰岩、砂质泥岩等	用爆破法开挖
硬质岩	较硬岩	1. 微风化的坚硬岩 2. 未风化—微风化的大理岩、板岩、石灰岩、白云岩、钙质砂岩等	用爆破法开挖
	坚硬岩	未风化—微风化的花岗岩、闪长岩、辉绿岩、玄武岩、安山岩、片麻岩、石英岩、石英砂岩、硅质砾岩、硅质石灰岩等	用爆破法开挖

注:本表依据国家标准《工程岩体分级标准》GB 50218—1994 和《岩土工程勘察规范》GB 50021—2001(2009 年版)整理。

2. 地下水位标高及排(降)水方法;

3. 土方、沟槽、基坑挖(填)起止标高、施工方法及运距;

4. 岩石开凿、爆破方法、石碴清运方法及运距。

4.1.1 人工土石方

4.1.1.1 挖土方淤泥流砂

挖土方淤泥流砂工作内容:排地表水、土方开挖、维护(挡土板)及拆除、基层钎探、开挖、运输。

挖土方淤泥流砂工程量,以体积计算,计量单位:m³。

4.1.1.2 人工挖沟槽基坑

挖沟槽基坑工作内容:排地表水、土方开挖、维护(挡土板)及拆除、基层钎探、运输。

挖沟槽基坑工程量,以基础垫层底面积乘以挖土深度计算,计量单位:m³。

沟槽、基坑土壁需要放坡时,放坡系数(挖深与放宽之比)按表4-3计算。

表4-3 放坡系数表

土类别	放坡起点/m	人工挖土	机械挖土		
			在沟槽、坑内作业	在沟槽边、坑上作业	顺沟槽方向在坑上作业
一、二类土	1.20	1:0.50	1:0.33	1:0.75	1:0.50
三类土	1.50	1:0.33	1:0.25	1:0.67	1:0.33
四类土	2.00	1:0.25	1:0.10	1:0.33	1:0.25

注:1. 沟槽、基坑中土类别不同时,分别按其放坡起点、放坡系数、依不同土类别厚度加权平均计算。

2. 计算放坡时,在交接处的重复工程量不予扣除,原槽、坑作基础垫层时,放坡自垫层上表面开始计算。

3. 本表按《全国统一市政工程预算定额》GYD—301—1999 整理,并增加机械挖土顺沟方向坑上作业的放坡系数。

基础施工所需工作面宽度,按表4-4规定计算。

表4-4　基础施工所需工作面宽度计算表

基础材料	每边各增加工作面宽度/mm	基础材料	每边各增加工作面宽度/mm
砖基础	200	混凝土基础支模板	300
浆砌毛石、条石基础	150	基础垂直面做防水层	1000(防水层面)
混凝土基础垫层支模板	300	—	—

注:本表按《全国统一建筑工程预算工程量计算规则》(GJDGZ－101—1995)整理。

管沟长度按图示中心线长度计算。管沟施工每侧所需工作面宽度的计算,应按表4-5规定宽度计算。

表4-5　管沟施工每侧所需工作面宽度计算表　　（单位:mm）

管道结构宽	混凝土管道基础90°	混凝土管道基础＞90°	金属管道	构筑物	
				无防潮层	有防潮层
500 以内	400	400	300	400	600
1000 以内	500	500	400		
2500 以内	600	500	400		
2500 以上	700	600	500		

注:1. 管道结构宽:有管座的按基础外缘,无管座的按管道外径。
　　2. 本表按《全国统一市政工程预算定额》GYD—301—1999整理,并增加管道结构宽2500mm以上的工作面宽度值。

4.1.1.3　挖冻土

挖冻土工作内容:爆破、开挖、清理、运输。

挖冻土工程量,按冻土厚度、弃土运距,以体积计算,计量单位:m³。挖冻土体积按设计图示尺寸开挖面积乘厚度以体积计算。

4.1.1.4　回填土、强夯地基、平整场地

回填土工作内容:运输、回填、压实。

回填土工程量,按密实度要求,填方材料品种,填方粒径要求,填

24

方来源、运距以体积计算,计量单位:m³。回填土体积按挖方清单项目工程量加原地面线至设计要求标高间的体积,减基础、构筑物等埋入体积计算;或按设计图示尺寸以体积计算。

强夯地基工作内容:铺设夯填材料、强夯、夯填材料运输。

强夯地基工程量,按夯击能量、夯击遍数、地耐力要求、夯填材料种类,以面积计算,计量单位:m²。强夯地基按设计图示尺寸以加固面积计算。

平整场地工作内容:土方挖填、场地找平、运输。

平整场地工程量,按土壤类别、弃土运距、取土运距,以面积计算,计量单位:m²。平整场地按设计图示尺寸以建筑物首层建筑面积计算。

4.1.1.5 挖一般石方

挖一般石方工作内容:排地表水、凿石、运输。

挖一般石方工程量,按岩石类别、开凿深度、弃碴运距,以体积计算,计量单位:m³。挖一般石方按设计图示尺寸以体积计算。

挖沟槽石方工作内容:排地表水、凿石、运输。

挖沟槽石方工程量,按岩石类别、开凿深度、弃碴运距,以体积计算,计量单位:m³。挖沟槽石方按设计图示尺寸沟槽底面积乘以挖石深度以体积计算。

挖基坑石方工作内容:排地表水、凿石、运输。

挖基坑石方工程量,按岩石类别、开凿深度、弃碴运距,以体积计算,计量单位:m³。挖基坑石方按设计图示尺寸基坑底面积乘以挖石深度以体积计算。

挖管沟石方工作内容:排地表水、凿石、回填、运输。

挖管沟石方工程量,按岩石类别、管外径、挖沟深度等计算,计量单位:m、m³。挖管沟石方以米计量,按设计图示尺寸以管道中心线长度计算;挖管沟石方以立方米计量,按设计图示截面积乘以长度计算。

4.1.2 机械土石方

4.1.2.1 推土机推土方

推土机推土方工作内容:推土机推土、弃土、平整;修理边坡,工作面内排水。

推土机推土方工程量,按不同推土机功率、运距,以推运土方的天然密实体积计算,计量单位:1000m³。

推土机推土运距,按挖方区重心至回填区重心之间的直线距离计算。

推土机推土重车上坡时,如果坡度大于5%时,其运距按坡度区段斜长乘表4-6所示系数计算。

表4-6 坡度系数

坡度(%)	5~10	15以内	20以内	25以内拌合
系数	1.75	2.0	2.25	2.5

4.1.2.2 铲运机铲运土方

铲运机铲运土方工作内容:铲土、运土、卸土及平整;修理边坡,工作面内排水。

铲运机铲运土方工程量,按不同铲斗容量、运距,以铲运土方的天然密实体积计算,计量单位:1000m³。

铲运机运土运距,按挖方区重心至卸土区重心加转向距离45m计算。

铲运机运土重车上坡时,如果坡度大于5%时,其运距按坡度区段斜长乘以系数,系数取值同推土机推土方中所列。

4.1.2.3 挖掘机挖土方

挖掘机挖土方工作内容:挖土、将土堆放在一边,清理机下余土,工作面内排水,修理边坡。

挖掘机挖土方工程量,按不同挖掘机类型、挖土深度、斗容量,以挖掘土方的天然密实体积计算,计量单位:1000m³。

机械挖土,沟槽、基坑土壁需要放坡时,放坡系数按相关规定执行计算。

4.1.2.4　挖掘机挖土自卸汽车运土方

挖掘机挖土自卸汽车运土方工作内容:挖土、装车、运土、卸土、平整;修理边坡,清理机下余土;工作面内排水及场内汽车行驶道路的养护。

挖掘机挖土自卸汽车运土方工程量,按不同挖掘机类型、运距,以挖运土方的天然密实体积计算,计量单位:1000m³。

自卸汽车运土运距,按挖方区重心至填土区(或堆放地点)重心的最短距离计算。

4.1.2.5　装载机装运土方

装载机装运土方工作内容:装土、运土、卸土;修理边坡,清理机下余土。

装载机装运土方工程量,按不同装载机斗容量、运距,以装运土方的天然密实体积计算,计量单位:1000m³。装载机运土运距同自卸汽车。

4.1.2.6　自卸汽车运土方

自卸汽车运土方工作内容:运土、卸土、平整,场内汽车行驶道路的养护。

自卸汽车运土方工程量,按不同自卸汽车载质量、运距,以运输土方的天然密实体积计算,计量单位:1000m³。

4.1.2.7　地基强夯

地基强夯工作内容:机具准备,按设计要求布置锤位线,夯击,夯锤位移,施工道路平整,资料记载。

地基强夯工程量,按不同夯击能量、夯击遍数,以地基夯击面积计算,计量单位:100m²。

4.1.2.8　场地平整、碾压

场地平整、碾压工作内容:推平、碾压、工作面内排水。

场地平整工程量,按不同机械,以场地平整的面积计算,计量单位:1000m²。

原土碾压、填土碾压工程量,按不同碾压机械、压路机质量,以碾压面积计算,计量单位:1000m²。

4.1.2.9 推土机推碴

推土机推碴工作内容:推碴、弃碴、平整;集碴、平碴;工作面内的道路养护及排水。

推土机推碴工程量,按不同推土机功率、运距,以推运石碴的体积计算,计量单位:1000m³。

推土机推碴运距,按装碴区重心至弃碴区重心之间的直线距离计算。

推土机推碴重车上坡时,如果坡度大于5%时,其运距按坡度区段斜长乘以系数计算,系数同推土机推土中所列。

4.1.2.10 挖掘机挖碴自卸汽车运碴

挖掘机挖碴自卸汽车运碴工作内容:挖碴、集碴;装碴、卸碴;工作面内排水及场内汽车行驶道路的养护。

挖掘机挖碴自卸汽车运碴工程量,按不同挖掘机斗容量、运距,以装运石碴的体积计算,计量单位:1000m³。

4.1.3 施工排水、降水

施工排水、降水工程已纳入措施项目中,其费用另计。

4.2 桩基础工程

4.2.1 预制钢筋混凝土桩

4.2.1.1 预制钢筋混凝土方桩

预制钢筋混凝土方桩工作内容:工作平台搭拆、桩就位、桩机移位、沉桩、接桩、送桩。

预制钢筋混凝土方桩工程量,按地层情况,送桩深度、桩长、桩截面,桩倾斜度,混凝土强度等级等计算,计量单位:m、m³、根。预制钢筋混凝土方桩以米计量,按设计图示尺寸以桩长(包括桩尖)计算;以立方米计量,按设计图示桩长(包括桩尖)乘以桩的断面积计算;以根计量,按设计图示数量计算。

4.2.1.2　预制钢筋混凝土管桩

预制钢筋混凝土管桩工作内容:工作平台搭拆、桩就位、桩机移位、桩尖安装、沉桩、接桩、送桩、桩芯填充。

预制钢筋混凝土管桩工程量,按地层情况,送桩深度、桩长、桩外径、壁厚,桩倾斜度,桩尖设置及类型,混凝土强度等级,填充材料种类等计算,计量单位:m、m³、根。预制钢筋混凝土管桩以米计量,按设计图示尺寸以桩长(包括桩尖)计算;以立方米计量,按设计图示桩长(包括桩尖)乘以桩的断面积计算;以根计量,按设计图示数量计算。

4.2.2　钢管桩

钢管桩工作内容:工作平台搭拆,桩就位,桩机移位,沉桩,接桩,送桩,切割钢管、精割盖帽,管内取土、余土弃置,管内填芯,刷防护材料。

钢管桩工程量,按地层情况,送桩深度、桩长,材质,管径、壁厚,桩倾斜度,填充材料种类,防护材料种类等计算,计量单位:t、根。钢管桩以吨计量,按设计图示尺寸以质量计算;以根计量,按设计图示数量计算。

4.2.3　灌注桩

4.2.3.1　泥浆护壁成孔灌注桩

泥浆护壁成孔灌注桩工作内容:护筒埋设,成孔、固壁,混凝土制作、运输、灌注、养护,土方、废泥浆外运,打桩场地硬化及泥浆池、泥浆沟。

泥浆护壁成孔灌注桩工程量,按地层情况,空桩长度、桩长、桩径,成孔方法,护筒类型、长度,混凝土类别、强度等级等计算,计量单位:m、m³、根。泥浆护壁成孔灌注桩以米计量,按设计图示尺寸以桩长(包括桩尖)计算;以立方米计量,按不同截面在桩上范围内以体积计算;以根计量,按设计图示数量计算。

4.2.3.2 沉管灌注桩

沉管灌注桩工作内容:打(沉)拔钢管,桩尖制作、安装,混凝土制作、运输、灌注、养护。

沉管灌注桩工程量,按地层情况,空桩长度、桩长、复打长度,桩径,沉管方法,桩尖类型,混凝土类别、强度等级等计算,计量单位:m、m³、根。沉管灌注桩以米计量,按设计图示尺寸以桩长(包括桩尖)计算;以立方米计量,按不同截面在桩上范围内以体积计算;以根计量,按设计图示数量计算。

4.2.3.3 干作业成孔灌注桩

干作业成孔灌注桩工作内容:成孔、扩孔,混凝土制作、运输、灌注、振捣、养护。

干作业成孔灌注桩工程量,按地层情况,空桩长度、桩长、桩径,扩孔直径、高度,成孔方法,混凝土类别、强度等级等计算,计量单位:m、m³、根。干作业成孔灌注桩以米计量,按设计图示尺寸以桩长(包括桩尖)计算;以立方米计量,按不同截面在桩上范围内以体积计算;以根计量,按设计图示数量计算。

4.2.3.4 人工挖孔桩土(石)方

人工挖孔桩土(石)方工作内容:排地表水,挖土、凿石,基底钎探,运输。

人工挖孔桩土(石)方工程量,按地层情况、挖孔深度、弃土(石)运距,以挖孔桩的体积计算,计量单位:m³。人工挖孔桩土(石)方体积按设计图示尺寸(含护壁)截面积乘以挖孔深度以立方米计算。

4.2.3.5 人工挖孔灌注桩

人工挖孔灌注桩工作内容：护壁制作，混凝土制作、运输、灌注、振捣、养护。

人工挖孔灌注桩工程量，按桩芯长度、桩芯直径、扩底直径、扩底高度、护壁厚度、高度、护壁混凝土类别、强度等级、桩芯混凝土类别、强度等级等计算，计量单位：m³、根。人工挖孔灌注桩以立方米计量，按桩芯混凝土体积计算；以根计量，按设计图示数量计算。

4.2.3.6 钻孔压浆桩

钻孔压浆桩工作内容：钻孔、下注浆管、投放骨料、浆液制作、运输、压浆。

钻孔压浆桩工程量，按地层情况，空钻长度、桩长、钻孔直径，水泥强度等级等计算，计量单位：m、根。钻孔压浆桩以米计量，按设计图示尺寸以桩长计算；以根计量，按设计图示数量计算。

4.2.3.7 预制钢筋混凝土方桩

预制钢筋混凝土方桩工作内容：注浆导管制作、安装，浆液制作、运输、压浆。

预制钢筋混凝土方桩工程量，按注浆导管材料、规格，注浆导管长度，单孔注浆量，水泥强度等级等计算，计量单位：孔。预制钢筋混凝土方桩按设计图示以注浆孔数计算。

4.3 脚手架工程

脚手架工程已纳入措施项目中，其费用另计。

4.4 砌筑工程

计算砌筑工程量前，应确定基础与墙(柱)的分界线。
基础与墙(柱)的划分：

1. 基础与墙(柱)使用同一种材料时,以设计室内地面为界(有地下室者,以地下室室内设计地面为界),以下为基础,以上为墙(柱)(图4-1)。

2. 基础与墙(柱)使用不同材料时,位于设计室内地面 ±300mm 以内时,以不同材料为界;超过 ±300mm 时,以设计室内地面为界(图4-2)。

3. 围墙以设计室外地坪为界,以下为基础,以上为墙。

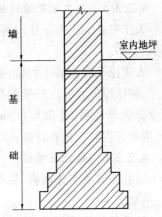

图 4-1 使用同一材料时
基础与墙(柱)分界

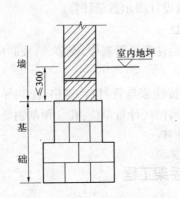
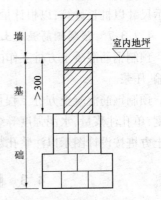

图 4-2 使用不同材料时基础与墙(柱)分界

4.4.1 砖砌体

4.4.1.1 砖基础

砖基础工作内容:砂浆制作、运输,砌砖,防潮层铺设,材料运输。

砖基础工程量,按砖品种、规格、强度等级,基础类型,砂浆强度等级,防潮层材料种类计算,计量单位:m³。砖基础按设计图示尺寸以体积计算。包括附墙垛基础宽出部分体积,扣除地梁(圈梁)、构造柱所占体积,不扣除基础大放脚T形接头处的重叠部分及嵌入基础内的钢筋、铁件、管道、基础砂浆防潮层和单个面积≤0.3m²的孔洞所占体积,靠墙暖气沟的挑檐不增加(基础长度:外墙按外墙中心线,内墙按净长计算)。

4.4.1.2 砖砌挖孔桩护壁

砖砌挖孔桩护壁工作内容:砂浆制作、运输,砌砖,材料运输。

砖砌挖孔桩护壁工程量,按砖品种、规格、强度等级,砂浆强度等级计算,计量单位:m³。砖砌挖孔桩护壁按设计图示尺寸以立方米计算。

4.4.1.3 实心砖墙、多孔砖墙、空心砖墙

实心砖墙、多孔砖墙、空心砖墙工作内容:砂浆制作、运输,砌砖,刮缝,砖压顶砌筑,材料运输。

实心砖墙、多孔砖墙、空心砖墙工程量,按砖品种、规格、强度等级、墙体类型、砂浆强度等级、配合比计算,计量单位:m³。实心砖墙、多孔砖墙、空心砖墙按设计图示尺寸以体积计算。

扣除门窗洞口、过人洞、空圈、嵌入墙内的钢筋混凝土柱、梁、圈梁、挑梁、过梁及凹进墙内的壁龛、管槽、暖气槽、消火栓箱所占体积,不扣除梁头、板头、檩头、垫木、木楞头、沿缘木、木砖、门窗走山、砖墙内加固钢筋、木筋、铁件、钢管及单个面积≤0.3m²的孔洞所占的体积。突出墙面的腰线、挑檐、压顶、窗台线、虎头砖、门窗套的体积亦不增加。突出墙面的砖垛并入墙体体积内计算。

1.墙长度:外墙按中心线、内墙按净长计算。

2.墙高度:

1)外墙:斜(坡)屋面无檐口天棚者算至屋面板底;有屋架且室内外均有天棚者算至屋架下弦底另加200mm;无天棚者算至屋架下弦底另加300mm,出檐宽度超过600mm时按实砌高度计算;与钢筋

混凝土楼板隔层者算至板顶。平屋顶算至钢筋混凝土板底。

2）内墙：位于屋架下弦者算至屋架下弦底，无屋架者算至天棚底另加100mm；有钢筋混凝土楼板隔层者算至楼板顶；有框架梁时算至梁底。

3）女儿墙：从屋面板上表面算至女儿墙顶面（如有混凝土压顶时算至压顶下表面）。

4）内、外山墙：按其平均高度计算。

3. 框架间墙：不分内外墙按墙体净尺寸以体积计算。

4. 围墙：高度算至压顶上表面（如有混凝土压顶时算至压顶下表面），围墙柱并入围墙体积内。

4.4.1.4 空斗墙

空斗墙工作内容：砂浆制作、运输，砌砖，装填充料，刮缝，材料运输。

空斗墙工程量，按砖品种、规格、强度等级，墙体类型，砂浆强度等级、配合比计算，计量单位：m³。空斗墙按设计图示尺寸以空斗墙外形体积计算。墙角、内外墙交接处、门窗洞口立边、窗台砖、屋檐处的实砌部分体积并入空斗墙体积内。

4.4.1.5 空花墙

空花墙工作内容：砂浆制作、运输，砌砖，装填充料，刮缝，材料运输。

空花墙工程量，按砖品种、规格、强度等级，墙体类型，砂浆强度等级、配合比计算，计量单位：m³。空花墙按设计图示尺寸以空花部分外形体积计算，不扣除空洞部分体积。

4.4.1.6 填充墙

填充墙工作内容：砂浆制作、运输，砌砖，装填充料，刮缝，材料运输。

填充墙工程量，按砖品种、规格、强度等级，墙体类型，填充材料种类及厚度，砂浆强度等级、配合比计算，计量单位：m³。填充墙按设计图示尺寸以填充墙外形体积计算。

4.4.1.7　实心砖柱、多孔砖柱

实心砖柱、多孔砖柱工作内容:砂浆制作运输,砌砖,刮缝,材料运输。

实心砖柱、多孔砖柱工程量,按砖品种、规格、强度等级、柱类型、砂浆强度等级、配合比计算,计量单位:m³。实心砖柱、多孔砖柱按设计图示尺寸以体积计算。扣除混凝土及钢筋混凝土梁垫、梁头、板头所占体积。

4.4.1.8　砖检查井

砖检查井工作内容:砂浆制作、运输,铺设垫层,底板混凝土制作、运输、浇筑、振捣、养护,砌砖,刮缝,井池底、壁抹灰,抹防潮层,材料运输。

砖检查井工程量,按井截面、深度,砖品种、规格、强度等级,垫层材料种类、厚度,底板厚度,井盖安装,混凝土强度等级,砂浆强度等级,防潮层材料种类计算,计量单位:座。砖检查井按设计图示数量计算。

4.4.1.9　零星砌砖

零星砌砖工作内容:砂浆制作、运输,砌砖,刮缝,材料运输。

零星砌砖工程量,按零星砌砖名称、部位,砂浆强度等级、配合比,砂浆强度等级、配合比计算,计量单位:m³,m²,m,个。零星砌砖以立方米计量,按设计图示尺寸截面积乘以长度计算;以平方米计量,按设计图示尺寸水平投影面积计算;以米计量,按设计图示尺寸长度计算;以个计量,按设计图示数量计算。

4.4.1.10　砖散水、地坪

砖散水、地坪工作内容:土方挖、运、填,地基找平,夯实,铺设垫层,砌砖散水、地坪,抹砂浆面层。

砖散水、地坪工程量,按砖品种、规格、强度等级,垫层材料种类、厚度,散水、地坪厚度,面层种类、厚度,砂浆强度等级计算,计量单

位:m²。砖散水、地坪按设计图示尺寸以面积计算。

4.4.1.11 砖地沟、明沟

砖地沟、明沟工作内容:土方挖、运、填,铺设垫层,底板混凝土制作、运输、浇筑、振捣、养护,砌砖,刮缝,抹灰,材料运输。

砖地沟、明沟工程量,按砖品种、规格、强度等级,沟截面尺寸,垫层材料种类、厚度,混凝土强度等级,砂浆强度等级计算,计量单位:m。砖地沟、明沟以米计量,按设计图示以中心线长度计算。

4.4.2 砌块砌体

4.4.2.1 砌块墙

砌块墙工作内容:砂浆制作、运输,砌砖、砌块,勾缝,材料运输。

砌块墙工程量,按砌块品种、规格、强度等级,墙体类型,砂浆强度等级计算,计量单位:m³。砌块墙按设计图示尺寸以体积计算。

扣除门窗洞口、过人洞、空圈、嵌入墙内的钢筋混凝土柱、梁、圈梁、挑梁、过梁及凹进墙内的壁龛、管槽、暖气槽、消火栓箱所占体积,不扣除梁头、板头、檩头、垫木、木楞头、沿缘木、木砖、门窗走头、砌块墙内加固钢筋、木筋、铁件、钢管及单个面积≤0.3m²的孔洞所占的体积。突出墙面的腰线、挑檐、压顶、窗台线、虎头砖、门窗套的体积亦不增加。突出墙面的砖垛并入墙体体积内计算。

1. 墙长度:外墙按中心线、内墙按净长计算。

2. 墙高度:

1)外墙:斜(坡)屋面无檐口天棚者算至屋面板底;有屋架且室内外均有天棚者算至屋架下弦底另加200mm;无天棚者算至屋架下弦底另加300mm,出檐宽度超过600mm时按实砌高度计算;与钢筋混凝土楼板隔层者算至板顶;平屋面算至钢筋混凝土板底;

2)内墙:位于屋架下弦者,算至屋架下弦底;无屋架者算至天棚底另加100mm;有钢筋混凝土楼板隔层者算至楼板顶;有框架梁时算至梁底;

3)女儿墙:从屋面板上表面算至女儿墙顶面(如有混凝土压顶时算至压顶下表面);

4)内、外山墙:按其平均高度计算。

3.框架间墙:不分内外墙按墙体净尺寸以体积计算。

4.围墙:高度算至压顶上表面(如有混凝土压顶时算至压顶下表面),围墙柱并入围墙体积内。

4.4.2.2 砌块柱

砌块柱工作内容:砂浆制作、运输,砌砖、砌块,勾缝,材料运输。

砌块柱工程量,按砌块品种、规格、强度等级,墙体类型,砂浆强度等级计算,计量单位:m^3。砌块柱按设计图示尺寸以体积计算。扣除混凝土及钢筋混凝土梁垫、梁头、板头所占体积。

4.4.3 石砌体

4.4.3.1 石基础

石基础工作内容:砂浆制作、运输,吊装,砌石,防潮层铺设,材料运输。

石基础工程量,按石料种类、规格,基础类型,砂浆强度等级计算,计量单位:m^3。石基础按设计图示尺寸以体积计算。包括附墙垛基础宽出部分体积,不扣除基础砂浆防潮层及单个面积$\leqslant 0.3 m^2$的孔洞所占体积,靠墙暖气沟的挑檐不增加体积。基础长度:外墙按中心线,内墙按净长计算。

4.4.3.2 石勒脚

石勒脚工作内容:砂浆制作、运输,吊装,砌石,石表面加工,勾缝,材料运输。

石勒脚工程量,按石料种类、规格,石表面加工要求,勾缝要求,砂浆强度等级、配合比计算,计量单位:m^3。石勒脚按设计图示尺寸以体积计算,扣除单个面积$>0.3 m^2$的孔洞所占的体积。

4.4.3.3 石墙

石墙工作内容:砂浆制作、运输、吊装,砌石,石表面加工,勾缝,材料运输。

石墙工程量,按石料种类、规格,石表面加工要求,勾缝要求,砂浆强度等级、配合比计算,计量单位:m³。石墙按设计图示尺寸以体积计算。

扣除门窗洞口、过人洞、空圈、嵌入墙内的钢筋混凝土柱、梁、圈梁、挑梁、过梁及凹进墙内的壁龛、管槽、暖气槽、消火栓箱所占体积,不扣除梁头、板头、檩头、垫木、木楞头、沿缘木、木砖、门窗走头、石墙内加固钢筋、木筋、铁件、钢管及单个面积≤0.3m²的孔洞所占的体积。突出墙面的腰线、挑檐、压顶、窗台线、虎头砖、门窗套的体积亦不增加。突出墙面的砖垛并入墙体体积内计算。

1.墙长度:外墙按中心线、内墙按净长计算。

2.墙高度:

1)外墙:斜(坡)屋面无檐口天棚者算至屋面板底;有屋架且室内外均有天棚者算至屋架下弦底另加200mm;无天棚者算至屋架下弦底另加300mm;出檐宽度超过600mm时按实砌高度计算;平屋顶算至钢筋混凝土板底。

2)内墙:位于屋架下弦者,算至屋架下弦底;无屋架者算至天棚底另加100mm;有钢筋混凝土楼板隔层者算至楼板顶;有框架梁时算至梁底。

3)女儿墙:从屋面板上表面算至女儿墙顶面(如有混凝土压顶时算至压顶下表面)。

4)内、外山墙:按其平均高度计算。

3.围墙:高度算至压顶上表面(如有混凝土压顶时算至压顶下表面),围墙柱并入围墙体积内。

4.4.3.4 挡土墙

挡土墙工作内容:砂浆制作、运输、吊装,砌石,变形缝、泄水孔、压顶抹灰,滤水层,勾缝,材料运输。

挡土墙工程量,按石料种类、规格,石表面加工要求,勾缝要求,砂浆强度等级、配合比计算,计量单位:m³。挡土墙按设计图示尺寸以体积计算。

4.4.3.5 石柱

石柱工作内容:砂浆制作、运输,吊装,砌石,石表面加工,勾缝,材料运输。

石柱工程量,按石料种类、规格,石表面加工要求,勾缝要求,砂浆强度等级、配合比计算,计量单位:m³。石柱按设计图示尺寸以体积计算。

4.4.3.6 石栏杆

石栏杆工作内容:砂浆制作、运输,吊装,砌石,石表面加工,勾缝,材料运输。

石栏杆工程量,按石料种类、规格,石表面加工要求,勾缝要求,砂浆强度等级、配合比计算,计量单位:m。石栏杆按设计图示尺寸以长度计算。

4.4.3.7 石护坡

石护坡工作内容:砂浆制作、运输,吊装,砌石,石表面加工,勾缝,材料运输。

石护坡工程量,按垫层材料种类、厚度,石料种类、规格,护坡厚度、高度,石表面加工要求,勾缝要求,砂浆强度等级、配合比计算,计量单位:m³。石护坡按设计图示尺寸以体积计算。

4.4.3.8 石台阶

石台阶工作内容:铺设垫层,石料加工,砂浆制作、运输,砌石,石表面加工,勾缝,材料运输。

石台阶工程量,按垫层材料种类、厚度,石料种类、规格,护坡厚度、高度,石表面加工要求,勾缝要求,砂浆强度等级、配合比计算,计量单位:m³。石台阶按设计图示尺寸以体积计算。

4.4.3.9 石坡道

石坡道工作内容:铺设垫层,石料加工,砂浆制作、运输,砌石,石表面加工,勾缝,材料运输。

石坡道工程量,按垫层材料种类、厚度,石料种类、规格,护坡厚度、高度,石表面加工要求,勾缝要求,砂浆强度等级、配合比计算,计量单位:m²。石坡道按设计图示尺寸以水平投影面积计算。

4.4.3.10 石地沟、明沟

石地沟、明沟工作内容:土方挖、运,砂浆制作、运输,铺设垫层,砌石,石表面加工,勾缝,回填,材料运输。

石地沟、明沟工程量,按沟截面尺寸,土壤类别、运距,垫层材料种类、厚度,石料种类、规格,石表面加工要求,勾缝要求,砂浆强度等级、配合比计算,计量单位:m。石地沟、明沟按设计图示尺寸以中心线长度计算。

4.4.4 垫层

4.4.4.1 垫层

垫层工作内容:垫层材料的拌制,垫层铺设,材料运输。

垫层工程量,按垫层材料种类、配合比、厚度计算,计量单位:m³。垫层按设计图示尺寸以立方米计算。

4.4.4.2 相关问题说明

1. 标准砖尺寸应为 240mm × 115mm × 53mm。

2. 标准砖墙厚度应按表4-7计算。

表 4-7 标准墙计算厚度表

砖数(厚度)	1/4	1/2	3/4	1	$1\frac{1}{2}$	2	$2\frac{1}{2}$	3
计算厚度/mm	53	115	180	240	365	490	615	740

4.5 混凝土及钢筋混凝土工程

4.5.1 现浇混凝土模板

现浇混凝土模板已纳入措施项目中,其费用另计。

4.5.2 预制混凝土模板

预制混凝土模板已纳入措施项目中,其费用另计。

4.5.3 构筑物混凝土模板

构筑物混凝土模板已纳入措施项目中,其费用另计。

4.5.4 钢筋

4.5.4.1 现浇构件圆钢筋

现浇构件圆钢筋工作内容:钢筋制作、绑扎、安装。

现浇构件圆钢筋工程量,按不同圆钢筋直径,以圆钢筋的质量计算,计量单位:t。

圆钢筋质量 = 圆钢筋理论质量×圆钢筋长度

圆钢筋理论质量(kg/m)见表4-8。

表4-8 圆钢筋论质量

直径 (mm)	理论质量 (kg/m)	直径 (mm)	理论质量 (kg/m)
6	0.222	20	2.466
6.5	0.260	22	2.984
8	0.395	25	3.85
10	0.617	28	4.83
12	0.888	30	5.55
14	1.208	32	6.31
16	1.578	38	8.90
18	1.998	40	9.87

圆钢筋长度按钢筋各段长度加弯钩长度计算。弯钩长度:180°弯钩为 6.25d;135°弯钩为 4.9d;90°弯钩为 3d(d 为钢筋直径)。钢筋长度计量单位:m,准确至小数点后两位。

4.5.4.2 现浇构件螺纹钢筋

现浇构件螺纹钢筋工作内容:制作、绑扎、安装。

现浇构件螺纹钢筋工程量,按不同螺纹钢筋公称直径,以螺纹钢筋的质量计算,计量单位:t。

螺纹钢筋质量 = 螺纹钢筋理论质量 × 螺纹钢筋长度

螺纹钢筋质量可按螺纹钢筋公称直径对应圆钢筋直径查圆钢筋理论质量取得。

螺纹钢筋长度按钢筋各段长度之和计算,无弯钩。

4.5.4.3 预制构件圆钢筋

预制构件圆钢筋工作内容:制作、绑扎、安装、点焊、拼装。

预制构件圆钢筋工程量,按不同圆钢筋直径,以圆钢筋的质量计算,计量单位:t。直径 16mm 的圆钢筋应区别绑扎或点焊,分别计算工程量。

预制构件圆钢筋质量计算方法同现浇构件圆钢筋,其中冷拔低碳钢丝无弯钩。

冷拔低碳钢丝的公称横截面面积与理论质量见表4-9。

表4-9 冷拔低碳钢丝的公称横截面面积与理论质量

公称直径(mm)	公称横截面面积(mm^2)	理论质量(kg/m)
3	7.1	0.055
4	12.6	0.099
5	19.6	0.154
6	28.3	0.222
7	38.5	0.302
8	50.3	0.395

4.5.4.4 预制构件螺纹钢筋

预制构件螺纹钢筋工作内容:制作、绑扎、安装。

预制构件螺纹钢筋工程量计算方法同现浇构件螺纹钢筋。

4.5.4.5 箍筋

箍筋工作内容:制作、绑扎、安装。

箍筋工程量,按不同箍筋直径,以箍筋的质量计算,计量单位:t。

箍筋质量 = 箍筋理论质量 × 箍筋长度

箍筋理论质量参见圆钢筋理论质量或冷拔低碳钢丝理论质量。

箍筋长度按箍筋各段长度加弯钩长度计算。ϕ6 箍筋弯钩长度不小于40mm;ϕ8 箍筋弯钩长度不小于50mm。冷拔低碳钢丝制成的箍筋无弯钩。

4.5.4.6 先张法预应力钢筋

先张法预应力钢筋工作内容:制作、张拉、放张、切断等。

先张法预应力钢筋工程量,按不同预应力钢筋直径,以预应力钢筋的质量计算,计量单位:t。

预应力钢筋质量 = 钢筋理论质量 × 预应力钢筋长度

先张法预应力钢筋长度按构件外形长度计算。

4.5.4.7 后张法预应力钢筋

后张法预应力钢筋工作内容:制作、穿筋、张拉、孔道灌浆、锚固、放张、切断等。

后张法预应力钢筋工程量,按不同预应力钢筋直径,以预应力钢筋的质量计算,计量单位:t。

预应力钢筋质量 = 钢筋理论质量 × 预应力钢筋长度

后张法预应力钢筋长度,按不同锚具类型,以下列规定计算:

1. 低合金钢筋两端采用螺杆锚具时,预应力钢筋长度按构件预留孔道长度减0.35m计算,螺杆另行计算。

2. 低合金钢筋一端采用镦头插片,另一端采用螺杆锚具时,预应力钢筋长度按构件预留孔道长度计算,螺杆另行计算。

3. 低合金钢筋一端采用镦头插片,另一端采用帮条锚具时,预应力钢筋长度按构件预留孔道加 0.15m 计算;两端均采用帮条锚具时,预应力钢筋长度按构件预留孔道长度加 0.3m 计算。

4. 低合金钢筋采用后张混凝土自锚时,预应力钢筋长度按构件预留孔道长度加 0.35m 计算。

5. 低合金钢筋采用 JM、XM、QM 型锚具,孔道长度在 20m 以内时,预应力钢筋长度按构件预留孔道长度加 1m 计算;孔道长度在 20m 以上时加 1.5m 计算。

6. 碳素钢丝采用锥形锚具,孔道长度在 20m 以内时,预应力钢丝长度按构件预留孔道长度加 1m 计算;孔道长度在 20m 以上时,加 1.8m 计算。

7. 碳素钢丝两端采用镦粗头时,预应力钢丝长度按构件预留孔道长度加 0.35m 计算。

4.5.4.8 后张法预应力钢丝束(钢绞线)

后张法预应力钢丝束(钢绞线)工作内容:制作、编束、穿筋、张拉、孔道灌浆等。

后张法预应力钢丝束工程量,按不同钢丝束根数,以预应力钢丝束的质量计算,计算单位:t。

预应力钢丝束质量 = 钢丝理论质量 × 每束钢丝根数 × 钢丝长度

后张法预应力钢丝束长度参照后张法预应力钢筋长度计算。

无粘结预应力钢丝束工程量,按预应力钢丝束的质量计算,计量单位:t。

有粘结预应力钢绞线工程量,按预应力钢绞线的质量计算,计量单位:t。

预应力钢绞线质量 = 钢绞线理论质量 × 钢绞线长度

钢绞线理论质量见表 4-10。

表 4-10 钢绞线理论质量

结　　构	钢丝直径 （mm）	钢绞线直径 （mm）	理论质量 （kg/m）
1×7	2.6	7.8	0.295
	2.9	8.7	0.367
	3.2	9.6	0.447
	3.5	10.5	0.535
	3.8	11.4	0.630
	4.0	12.0	0.698

钢绞线长度:采用 JM、XM、QM 型锚具,孔道长度在 20m 以内时,预应力钢绞线按构件预留孔道长度加 1m 计算;孔道长度在 20m 以上时,加 1.8m 计算。

4.5.4.9 铁件及电渣压力焊接

铁件及电渣压力焊接工作内容:安装埋设、焊接固定。

铁件工程量,按铁件质量计算,计量单位:t。

电渣压力焊接工程量,按焊接接头数计算,计量单位:10 个接头。

4.5.4.10 成型钢筋运输

成型钢筋运输工作内容:装、卸、运输。

成型钢筋运输工程量,按不同运输工具、运距,以运输成型钢筋的质量计算,计量单位:t。

4.5.5 现浇混凝土

4.5.5.1 现浇混凝土基础

现浇混凝土基础工作内容:模板及支撑制作、安装、拆除、堆放、运输及清理模内杂物、刷隔离剂等,混凝土制作、运输、浇筑、振捣、养护。

垫层、带形基础、独立基础、满堂基础、桩承台基础工程量,按混凝土种类,混凝土强度等级计算,计量单位:m³。按设计图示尺寸以体积计算。不扣除伸入承台基础的桩头所占体积。

设备基础工程量,按混凝土种类,混凝土强度等级,灌浆材料及其强度等级计算,计量单位:m³。设备基础按设计图示尺寸以体积计算,不扣除伸入承台基础的桩头所占体积。

4.5.5.2 现浇混凝土柱

现浇混凝土柱工作内容:模板及支架(撑)制作、安装、拆除、堆放、运输及清理模内杂物、刷隔离剂等,混凝土制作、运输、浇筑、振捣、养护。

矩形柱、构造柱工程量,按混凝土类别,混凝土强度等级计算,计量单位:m³。

异形柱工程量,按柱形状,混凝土类别,混凝土强度等级计算,计量单位:m³。

现浇混凝土柱工程量按设计图示尺寸以体积计算。

柱高:

1. 有梁板的柱高,应自柱基上表面(或楼板上表面)至上一层楼板上表面之间的高度计算。

2. 无梁板的柱高,应自柱基上表面(或楼板上表面)至柱帽下表面之间的高度计算。

3. 框架柱的柱高:应自柱基上表面至柱顶高度计算。

4. 构造柱按全高计算,嵌接墙体部分(马牙槎)并入柱身体积。

5. 依附柱上的牛腿和升板的柱帽,并入柱身体积计算。

4.5.5.3 现浇混凝土梁

现浇混凝土梁工作内容:模板及支架(撑)制作、安装、拆除、堆放、运输及清理模内杂物、刷隔离剂等,混凝土制作、运输、浇筑、振捣、养护。

现浇混凝土梁工程量,按混凝土类别,混凝土强度等级计算,计量单位:m³。按设计图示尺寸以体积计算。伸入墙内的梁头、梁垫并入梁体积内。

梁长:

1. 梁与柱连接时,梁长算至柱侧面。

2. 主梁与次梁连接时,次梁长算至主梁侧面。

4.5.5.4 现浇混凝土墙

现浇混凝土墙工作内容:模板及支架(撑)制作、安装、拆除、堆放、运输及清理模内杂物、刷隔离剂等,混凝土制作、运输、浇筑、振捣、养护。

现浇混凝土墙工程量,按混凝土类别,混凝土强度等级计算,计量单位:m³。按设计图示尺寸以体积计算。

扣除门窗洞口及单个面积 >0.3m² 的孔洞所占体积,墙垛及突出墙面部分并入墙体体积内计算。

4.5.5.5 现浇混凝土板

现浇混凝土板工作内容:模板及支架(撑)制作、安装、拆除、堆放、运输及清理模内杂物、刷隔离剂等,混凝土制作、运输、浇筑、振捣、养护。

现浇混凝土板工程量,按混凝土种类,混凝土强度等级计算,计量单位:m³。

现浇混凝土板按设计图示尺寸以体积计算。不扣除构件内钢筋、预埋铁件及单个面积 ≤0.3m² 的柱、垛以及孔洞所占体积;压型钢板混凝土楼板扣除构件内压型钢板所占体积;有梁板(包括主、次梁与板)按梁、板体积之和计算,无梁板按板和柱帽体积之和计算,各类板伸入墙内的板头并入板体积内,薄壳板的肋、基梁并入薄壳体积内计算。

天沟(檐沟)、挑檐板按设计图示尺寸以体积计算。

雨篷、悬挑板、阳台板按设计图示尺寸以墙外部分体积计算。包括伸出墙外的牛腿和雨篷反挑檐的体积。

空心板按设计图示尺寸以体积计算。空心板(GBF 高强薄壁蜂巢芯板等)应扣除空心部分体积。

其他板按设计图示尺寸以体积计算。

4.5.5.6 现浇混凝土楼梯

现浇混凝土楼梯工作内容:模板及支架(撑)制作、安装、拆除、堆放、运输及清理模内杂物、刷隔离剂等,混凝土制作、运输、浇筑、振捣、养护。

现浇混凝土楼梯工程量,按混凝土类别,混凝土强度等级计算,计量单位:m²、m³。现浇混凝土楼梯以平方米计量,按设计图示尺寸以水平投影面积计算。不扣除宽度≤500mm的楼梯井,伸入墙内部分不计算;以立方米计量,按设计图示尺寸以体积计算。

4.5.5.7 现浇混凝土其他构件

散水、坡道工作内容:地基夯实,铺设垫层,模板及支撑制作、安装、拆除、堆放、运输及清理模内杂物、刷隔离剂等,混凝土制作、运输、浇筑、振捣、养护,变形缝填塞。

散水、坡道工程量,按垫层材料种类、厚度,面层厚度,混凝土种类,混凝土强度等级,变形缝填塞材料种类计算,计量单位:m²。散水、坡道以平方米计量,按设计图示尺寸以面积计算,不扣除单个≤0.3m²的孔洞所占面积。

室外地坪工作内容:地基夯实,铺设垫层,模板及支撑制作、安装、拆除、堆放、运输及清理模内杂物、刷隔离剂等,混凝土制作、运输、浇筑、振捣、养护,变形缝填塞。

室外地坪工程量,按地坪厚度,混凝土强度等级计算,计量单位:m²。室外地坪以平方米计量,按设计图示尺寸以面积计算,不扣除单个≤0.3m²的孔洞所占面积。

电缆沟、地沟工作内容:挖填、运土石方,铺设垫层,模板及支撑制作、安装、拆除、堆放、运输及清理模内杂物、刷隔离剂等,混凝土制作、运输、浇筑、振捣、养护,刷防护材料。

电缆沟、地沟工程量,按土壤类别,沟截面净空尺寸,垫层材料种类、厚度,混凝土类别,混凝土强度等级,防护材料种类计算,计量单位:m。电缆沟、地沟按设计图示尺寸以中心线长度计算。

台阶工作内容:模板及支撑制作、安装、拆除、堆放、运输及清理模内杂物、刷隔离剂等,混凝土制作、运输、浇筑、振捣、养护。

台阶工程量,按踏步高、宽,混凝土种类,混凝土强度等级计算,计量单位:m²、m³。台阶以平方米计量,按设计图示尺寸水平投影面积计算;以立方米计量,按设计图示尺寸以体积计算。

扶手、压顶工作内容:模板及支架(撑)制作、安装、拆除、堆放、运输及清理模内杂物、刷隔离剂等,混凝土制作、运输、浇筑、振捣、养护。

扶手、压顶工程量,按断面尺寸,混凝土种类,混凝土强度等级计算,计量单位:m、m³。扶手、压顶以米计量,按设计图示的中心线以延长米计算;以立方米计量,按设计图示尺寸以体积计算。

化粪池、检查井工作内容:模板及支架(撑)制作、安装、拆除、堆放、运输及清理模内杂物、刷隔离剂等,混凝土制作、运输、浇筑、振捣、养护。

化粪池、检查井工程量,按断面尺寸,混凝土强度等级,防水、抗渗要求计算,计量单位:m³、座。化粪池、检查井按设计图示尺寸以体积计算;以座计算,按设计图示数量计算。

其他构件工作内容:模板及支架(撑)制作、安装、拆除、堆放、运输及清理模内杂物、刷隔离剂等,混凝土制作、运输、浇筑、振捣、养护。

其他构件工程量,按构件的类型,构件规格,部位,混凝土种类,混凝土强度等级计算,计量单位:m³。其他构件按设计图示尺寸以体积计算;以座计算,按设计图示数量计算。

4.5.6 预制混凝土

4.5.6.1 预制混凝土柱

预制混凝土柱工作内容:模板制作、安装、拆除、堆放、运输及清理模内杂物、刷隔离剂等,混凝土制作、运输、浇筑、振捣、养护,构件运输、安装,砂浆制作、运输,接头灌缝、养护。

预制混凝土柱工程量,按图代号,单件体积,安装高度,混凝土强度等级,砂浆(细石混凝土)强度等级、配合比计算,计量单位:m³、根。预制混凝土柱以立方米计量,按设计图示尺寸以体积计算;以根计量,按设计图示尺寸以数量计算。

4.5.6.2 预制混凝土梁

预制混凝土梁工作内容:模板制作、安装、拆除、堆放、运输及清理模内杂物、刷隔离剂等,混凝土制作、运输、浇筑、振捣、养护,构件运输、安装,砂浆制作、运输,接头灌缝、养护。

预制混凝土梁工程量,按图代号,单件体积,安装高度,混凝土强度等级,砂浆(细石混凝土)强度等级、配合比计算,计量单位:m³、根。预制混凝土梁以立方米计量,按设计图示尺寸以体积计算;以根计量,按设计图示尺寸以数量计算。

4.5.6.3 预制混凝土屋架

预制混凝土屋架工作内容:模板制作、安装、拆除、堆放、运输及清理模内杂物、刷隔离剂等,混凝土制作、运输、浇筑、振捣、养护,构件运输、安装,砂浆制作、运输,接头灌缝、养护。

预制混凝土屋架工程量,按图代号,单件体积,安装高度,混凝土强度等级,砂浆(细石混凝土)强度等级、配合比计算,计量单位:m³、榀。预制混凝土屋架以立方米计量,按设计图示尺寸以体积计算;以榀计量,按设计图示尺寸以数量计算。

4.5.6.4 预制混凝土板

预制混凝土板工作内容:模板制作、安装、拆除、堆放、运输及清理模内杂物、刷隔离剂等,混凝土制作、运输、浇筑、振捣、养护,构件运输、安装,砂浆制作、运输,接头灌缝、养护。

预制混凝土板工程量,按图代号,单件体积,安装高度,混凝土强度等级,砂浆(细石混凝土)强度等级、配合比计算,计量单位:m³、块。预制混凝土板以立方米计量,按设计图示尺寸以体积计算(不扣除单个面积≤300mm×300mm 的孔洞所占体积,扣除空心板空洞体积);以块计量,按设计图示尺寸以"数量"计算。

沟盖板、井盖板、井圈工程量,按单件体积,安装高度,混凝土强度等级,砂浆强度等级、配合比计算,计量单位:m³、块(套)。沟盖板、井盖板、井圈以立方米计量,按设计图示尺寸以体积计算;以块计算,按设计图示尺寸以"数量"计算。

4.5.6.5 预制混凝土楼梯

预制混凝土楼梯工作内容:模板制作、安装、拆除、堆放、运输及清理模内杂物、刷隔离剂等,混凝土制作、运输、浇筑、振捣、养护,构件运输、安装,砂浆制作、运输,接头灌缝、养护。

预制混凝土楼梯工程量,按楼梯类型,单件体积,混凝土强度等级,砂浆(细石混凝土)强度等级计算,计量单位:m³、段。预制混凝土楼梯以立方米计量,按设计图示尺寸以体积计算。扣除空心踏步板空洞体积;以段计量,按设计图示数量计算。

4.5.6.6 其他预制构件

其他预制构件工作内容:模板制作、安装、拆除、堆放、运输及清理模内杂物、刷隔离剂等,混凝土制作、运输、浇筑、振捣、养护,构件运输、安装,砂浆制作、运输,接头灌缝、养护。

垃圾道、通风道、烟道工程量,按单件体积,混凝土强度等级,砂浆强度等级计算,计量单位:m³、m²、根(块、套)。

其他构件工程量,按单件体积,构件的类型,混凝土强度等级,砂浆强度等级计算,计量单位:m³、m²、根(块、套)。

其他预制构件以立方米计量,按设计图示尺寸以体积计算(不扣除单个面积≤300mm×300mm的孔洞所占体积,扣除烟道、垃圾道、通风道的孔洞所占体积);以平方米计量,按设计图示尺寸以面积计算(不扣除单个面积≤300mm×300mm的孔洞所占面积);以根计量,按设计图示尺寸以数量计算。

4.5.7 钢筋混凝土构件接头灌缝

钢筋混凝土构件接头灌缝工作内容:混凝土搅拌、捣固、养护。空心板灌缝增加空心板堵孔,模板制作、安装、拆除等工作内容。

柱接头灌缝工程量,按柱的混凝土实体积计算,计量单位:10m³。柱与柱基的灌缝,按首层柱体积计算;首层以上柱灌缝按各层柱体积计算。

各种类型梁、板、小型构件接头灌缝工程量,均按预制构件的混凝土实体积计算,计量单位:10m³。

内外墙板空腔灌缝、大楼板接头灌缝工程量,均按墙板的体积计算,计量单位:10m³。

4.5.8 集中搅拌、运输、泵输送混凝土

4.5.8.1 混凝土搅拌站

混凝土搅拌站工作内容:筛洗石子、砂石运至搅拌点,混凝土搅拌,装运输车。

混凝土搅拌站工程量,按不同搅拌站生产能力,以搅拌的混凝土体积计算,计量单位:100m³。

4.5.8.2 混凝土搅拌输送车

混凝土搅拌输送车工作内容:将搅拌好的混凝土在运输中进行搅拌,运送到施工现场,自动卸车。

混凝土搅拌输送车工程量,按不同运输车容量,以运送的混凝土体积计算,计量单位:100m³。

4.5.8.3 混凝土输送泵

混凝土输送泵工作内容:将搅拌好的混凝土输送到浇灌点,捣固,养护。

混凝土输送泵工程量,按不同输送泵排出量,以输送混凝土的体积计算,计量单位:100m³。

4.5.8.4 混凝土输送泵车

混凝土输送泵车工作内容:将搅拌好的混凝土输送到浇灌点,捣固,养护。

混凝土输送泵车工程量,按不同输送泵车排出量,以输送混凝土的体积计算,计量单位:100m³。

4.6 构件运输及安装工程

计算构件运输及安装工程量时,应根据构件的类型和外形尺寸,确定构件的类别。

混凝土构件分为六类,见表4-11。

表4-11 预制混凝土构件分类

类别	构 件 名 称
1	4m 以内空心板、实心板
2	6m 以内的桩、屋面板、工业楼板、连系梁、基础梁、吊车梁、楼梯休息板、楼梯板、阳台板
3	6m 以上至14m 的梁、板、柱、桩,各类屋架、桁架、托架(14m 以上另行处理)
4	天窗架、挡风架、侧板、端壁板、天窗上下档、门框及单体体积在 0.1m³ 以内小构件
5	装配式内外墙板、大楼板、厕所板
6	隔墙板(高层用)

金属结构构件分为三类,见表4-12。

表4-12 金属结构构件分类

类别	构 件 名 称
1	钢柱、屋架、托架梁、防风桁架
2	吊车梁、制动梁、型钢檩条、钢支撑、上下档、钢拉杆、栏杆、盖板、垃圾出灰门、倒灰门、箅子、爬梯、零星构件平台、操作台、走道休息台、扶梯、钢吊车梯台、烟囱紧固箍
3	墙架、挡风架、天窗架、组合檩条、轻型屋架、滚动支架、悬挂支架、管道支架

4.6.1 构件运输

4.6.1.1 预制混凝土构件运输

预制混凝土构件运输工作内容:设置一般支架(垫木条)、装车、绑扎、运输,按规定地点卸车、堆放,支垫稳固。

预制混凝土构件运输工程量,按不同预制混凝土构件类别、运距,以预制构件混凝土实体积加 1.3% 损耗(预制桩加 1.9% 损耗)计算,计量单位:10m³。

加气混凝土板(块)、硅酸盐块运输,每立方米折合钢筋混凝土构件体积 0.4m³,按 1 类构件运输计算。

4.6.1.2 金属结构构件运输

金属结构构件运输工作内容:按技术要求装车、绑扎、运输,按指定地点卸车、堆放。

金属结构构件运输工程量,按不同金属结构构件类别、运距,以金属结构构件的质量计算,计量单位:t。

4.6.1.3 木门窗运输

木门窗运输工作内容:装车、绑扎、运输,按指定地点卸车、堆放。

木门窗运输工程量,按不同运距,以木门窗外框面积计算,计量单位:100m²。

4.6.2 预制混凝土构件安装

4.6.2.1 柱安装

柱安装工作内容:构件翻身、就位、加固、安装、校正,垫实结点,焊接或紧固螺栓。

柱安装工程量,按每根不同柱体积、起重机械,以柱的混凝土实体积加 0.5% 损耗(9m 以上柱不加损耗)计算,计量单位:10m³。

预制钢筋混凝土多层柱安装,首层柱按柱安装计算,二层柱按柱接柱(第一节)计算;三层柱按柱接柱(第二节)计算;四层柱按柱(第三节)计算。

预制钢筋混凝土工字形柱、矩形柱、空腹柱、双肢柱、空心柱、管道支架等安装,均按柱安装计算。

4.6.2.2 框架安装

框架安装工作内容:构件翻身、加固、安装、校正,垫实结点,焊接或紧固螺栓。

框架柱、框架梁、连体框架安装工程量,按不同安装高度、每个构件单体体积、起重机械,以构件的混凝土实体积计算,计量单位:10m³。

焊接形成的预制钢筋混凝土框架,其柱安装按框架柱计算,梁安装按框架梁计算;节点浇注成型的框架,按连体框架梁柱计算。

4.6.2.3 吊车梁安装

吊车梁安装工作内容:构件翻身、就位、加固、安装、校正,垫实结点,焊接或紧固螺栓。

吊车梁安装工程量,按不同吊车梁形式、吊车梁单体体积、起重机械,以吊车梁的混凝土实体积加 0.5% 损耗计算,计量单位:10m³。

4.6.2.4 梁安装

梁安装工作内容:构件翻身、就位、加固、安装、校正,垫实结点,焊接或紧固螺栓。

楼板梁、连系梁安装工程量,按不同安装高度、梁单体体积、起重机械,以梁的混凝土实体积加 0.5% 损耗(9m 以上梁不加损耗)计算,计量单位:10m³。

无天窗托架梁、无天窗薄腹梁翻身就位、安装工程量,按不同安装高度、起重机械,分别以其混凝土实体积计算,计量单位:10m³。

基础梁安装工程量,按不同基础梁单体体积、起重机械,以基础梁混凝土实体积加 0.5% 损耗计算,计量单位:10m³。

混凝土风道梁安装工程量,按不同起重机械,以风道梁混凝土实体积加 0.5% 损耗计算。

过梁安装工程量,按不同过梁单体体积、起重机械,以过梁混凝土实体积加 0.5% 损耗计算,计量单位:10m³。

4.6.2.5　屋架安装

屋架安装工作内容:构件翻身、就位、加固、安装、校正,垫实结点,焊接或紧固螺栓。

折线形屋架翻身就位、安装工程量,分别按屋架的混凝土实体积计算,计量单位:10m³。

三角形组合屋架拼装、安装工程量;按不同屋架下弦杆钢材、每个屋架单体体积、起重机械,分别以组合屋架的混凝土实体积计算,计量单位:10m³。屋架下弦杆钢材另行计算。

锯齿形屋架翻身就位、安装工程量,按不同屋架单体体积、起重机械,分别以屋架的混凝土实体积计算,计量单位:10m³。

不带梁的混凝土门式刚架安装工程量,按不同刚架跨度,刚架单体体积、起重机械,以刚架的混凝土实体积计算,计量单位:10m³。

4.6.2.6　天窗架、天窗端壁安装

天窗架、天窗端壁安装工作内容:构件翻身、就位、加固、安装、校正,垫实结点,焊接或紧固螺栓。

天窗架及端壁板拼装、安装工程量,按不同构件单体体积、起重机械,分别以天窗架、端壁板的混凝土实体积加 0.5% 损耗计算、计量单位:10m³。

天窗上下档、支撑、天窗侧板、檩条安装工程量,均按不同构件单体体积、起重机械,以构件的混凝土实体积加 0.5% 损耗计算,计量单位:10m³。

4.6.2.7　板安装

板安装工作内容:构件翻身、就位、加固、安装、校正,垫实结点,焊接或紧固螺栓;按规定地点卸车、堆放、支垫稳固。

大型屋面板、挑檐屋面板、槽形板安装工程量,按不同板单体体积、起重机械,以屋面板、槽形板的混凝土实体积加 0.5% 损耗(9m 以上板不加损耗)计算,计量单位:$10m^3$。

空心板安装工程量,按不同板单体体积、焊接与否、起重机械,以空心板的混凝土实体积加 0.5% 损耗计算,计量单位:$10m^3$。

平板安装工程量算法同空心板。

阳台板安装工程量,按不同重心位置、起重机械,以阳台板的混凝土实体积加 0.5% 损耗计算,计量单位:$10m^3$。

天沟板安装工程量,按不同板单体体积、起重机械,以天沟板的混凝土实体积加 0.5% 损耗计算,计量单位:$10m^3$。

楼梯踏步、楼梯平台安装工程量,按不同构件单体体积、焊接与否、起重机械,以楼梯踏步、平台的混凝土实体积加 0.5% 损耗计算,计量单位:$10m^3$。

混凝土墙板安装工程量,按不同安装高度、每个墙板体积、起重机械,以墙板的体积计算,计量单位:$10m^3$。

4.6.2.8 升板工程提升

升板工程提升工作内容:楼板提升及临时固定、清除提升孔及塑料薄膜;楼板及柱顶留孔支模、浇灌混凝土、拆除模板、预制柱加固。

升板提升工程量,按提升的楼板混凝土体积计算,计量单位:$10m^3$。

柱加固工程量,按被加固柱的混凝土体积计算,计量单位:$10m^3$。

4.6.3 金属结构构件安装

4.6.3.1 钢柱安装

钢柱安装工作内容:构件加固、构件吊装校正、拧紧螺栓、电焊固定、翻身就位。

钢柱安装工程量,按不同钢柱每根质量、起重机械,以钢柱的质量计算,计量单位:t。

4.6.3.2 钢吊车梁安装

钢吊车梁安装工作内容:构件加固、构件吊装校正、拧紧螺栓、电焊固定、翻身就位。

钢吊车梁安装工程量,按不同吊车梁单根质量、起重机械,柱的材质,以钢吊车梁的质量计算,计量单位:t。

4.6.3.3 钢屋架拼装

钢屋架拼装工作内容:搭拆拼装台,将工厂制作的分段拼装成整体,校正,焊接或螺栓固定。

钢屋架拼装工程量,按不同钢屋架单个质量、起重机械,以钢屋架的质量计算,计量单位:t。每个钢屋架质量在1t以内者为轻钢屋架。

4.6.3.4 钢屋架安装

钢屋架安装工作内容:构件加固,翻身就位,按设计要求吊装、校正、焊接或螺栓固定。

钢屋架安装工程量,按不同钢屋架单个质量、起重机械,以钢屋架的质量计算,计量单位:t。

4.6.3.5 钢网架拼装安装

钢网架拼装安装工作内容:拼装台座架制作、搭设、拆除;将单件运到拼装台上,拼成单片或成品电焊固定及安装准备;球网架就位安装、校正、电焊固定(包括支座安装),清理等全过程。

钢网架拼装、安装工程量,分别按钢网架组成杆件的总质量计算,计量单位:t。

4.6.3.6 钢天窗架拼装安装

钢天窗架拼装安装工作内容:搭拆拼装台;将工厂制作的分段拼装成整体、校正、焊接或固定;构件加固、翻身就位,按设计要求吊装、校正、焊接或螺栓固定。

钢天窗架拼装、安装工程量,分别按不同钢天窗架单个质量、起重机械,以钢天窗架的质量计算,计量单位:t。

4.6.3.7　钢托架梁安装

钢托架梁安装工作内容:构件加固、吊装校正、拧紧螺栓、电焊固定、构件翻身就位。

钢托架梁安装工程量,按不同钢托架梁单个质量、起重机械、柱的材质,以钢托架梁的质量计算,计量单位:t。

4.6.3.8　钢桁架安装

钢桁架安装工作内容:构件加固、吊装校正、拧紧螺栓、电焊固定、构件翻身就位。

钢挡风架、钢墙架安装工程量,均按不同钢桁架单个质量、起重机械,以钢桁架的质量计算,计量单位:t。

4.6.3.9　钢檩条安装

钢檩条安装工作内容:构件加固、构件吊装校正、拧紧螺栓、电焊固定、构件翻身就位。

钢檩条安装工程量,按不同钢檩条单根质量、起重机械,以钢檩条的质量计算,计量单位:t。

4.6.3.10　钢屋架支撑、柱间支撑安装

钢屋架支撑、柱间支撑安装工作内容:构件加固、构件吊装校正、拧紧螺栓、电焊固定、构件翻身就位。

钢屋架支撑安装工程量,按不同支撑形式及部位、起重机械,以钢屋架支撑的质量计算,计量单位:t。

柱间支撑安装工程量,按不同支撑形式、单个支撑质量、起重机械,以柱间支撑的质量计算,计量单位:t。

4.6.3.11　钢平台、操作台、扶梯安装

钢平台、操作台、扶梯安装工作内容:构件加固、构件安装校正、拧紧螺栓、电焊固定、构件翻身就位、清扫等。

平台、操作台、走道休息台安装工程量,按不同主要钢材,以其质量计算,计量单位:t。

踏步式扶梯、钢吊车梯台安装工程量,均按其质量计算,计量单位:t。

4.7 门窗及木结构工程

4.7.1 门窗

4.7.1.1 木门

木门工作内容:门安装,玻璃安装,五金安装。

木门工程量,按门代号及洞口尺寸,镶嵌玻璃品种、厚度计算,计量单位:樘、m^2。木门以樘计量,按设计图示数量计算;以平方米计量,按设计图示洞口尺寸以面积计算。

木门框工作内容:木门框制作、安装,运输,刷防护材料。

木门框工程量,按门代号及洞口尺寸,框截面尺寸,防护材料种类计算,计量单位:樘、m。木门框以樘计量,按设计图示以数量计算;以米计量,按设计图示框的中心线以延长米计算。

门锁安装工作内容:安装。

门锁安装工程量,按锁品种,锁规格计算,计量单位:个(套)。门锁安装按设计图示以数量计算。

4.7.1.2 *厂库房大门、特种门*

木板大门、钢木大门、全钢板大门工作内容:门(骨架)制作、运输,门、五金配件安装,刷防护材料。

木板大门、钢木大门、全钢板大门工程量,按门代号及洞口尺寸,门框或扇外围尺寸,门框、扇材质,五金种类、规格,防护材料种类计算,计量单位:樘、m^2。木板大门、钢木大门、全钢板大门以樘计量,按设计图示以数量计算;以平方米计量,按设计图示洞口尺寸以面积计算。

防护铁丝门工作内容:门(骨架)制作、运输,门、五金配件安装,刷防护材料。

防护铁丝门工程量,按门代号及洞口尺寸,门框或扇外围尺寸,门框、扇材质,五金种类、规格,防护材料种类计算,计量单位:樘、m²。防护铁丝门以樘计量,按设计图示数量计算;以平方米计量,按设计图示门框或扇以面积计算。

金属格栅门工作内容:门安装,启动装置、五金配件安装。

金属格栅门工程量,按门代号及洞口尺寸,门框或扇外围尺寸,门框、扇材质,启动装置的品种、规格计算,计量单位:樘、m²。金属格栅门以樘计量,按设计图示数量计算;以平方米计量,按设计图示洞口尺寸以面积计算。

钢质,花饰大门工作内容:门安装,五金配件安装。

钢质,花饰大门工程量,按门代号及洞口尺寸,门框或扇外围尺寸,门框、扇材质计算,计量单位:樘、m²。钢质,花饰大门以樘计量,按设计图示数量计算;以平方米计量,按设计图示门框或扇以面积计算。

特种门工作内容:门安装,五金配件安装。

特种门工程量,按门代号及洞口尺寸,门框或扇外围尺寸,门框、扇材质计算,计量单位:樘、m²。特种门以樘计量,按设计图示数量计算;以平方米计量,按设计图示洞口尺寸以面积计算。

4.7.1.3 木窗

木质窗工作内容:窗安装,五金、玻璃安装。

木质窗工程量,按窗代号及洞口尺寸,玻璃品种、厚度,防护材料种类计算,计量单位:樘、m²。木质窗以樘计量,按设计图示数量计算,以平方米计量,按设计图示洞口尺寸以面积计算。

木飘(凸)窗工作内容:窗安装,五金、玻璃安装。

木飘(凸)窗工程量,按窗代号及洞口尺寸,玻璃品种、厚度,防护材料种类计算,计量单位:樘、m²。木飘(凸)窗以樘计量,按设计图示数量计算;以平方米计量,按设计图示尺寸以框外围展开面积计算。

木橱窗工作内容:窗制作、运输、安装,五金、玻璃安装,刷防护材料。

木橱窗工程量,按窗代号,框截面及外围展开面积,玻璃品种、厚度,防护材料种类计算,计量单位:樘、m²。木橱窗以樘计量,按设计图示数量计算;以平方米计量,按设计图示尺寸以框外围展开面积计算。

木纱窗工作内容:窗安装,五金安装。

木纱窗工程量,按窗代号及框的外围尺寸,纱窗材料品种、规格计算,计量单位:樘、m²。木纱窗以樘计量,按设计图示数量计算;以平方米计量,按框的外围尺寸以面积计算。

4.7.2 木结构

4.7.2.1 木屋架

木屋架工作内容:制作,运输,安装,刷防护材料。

木屋架工程量,按跨度,材料品种、规格,刨光要求,拉杆及夹板种类,防护材料种类计算,计量单位:榀、m³。木屋架以榀计量,按设计图示数量计算;以立方米计量,按设计图示的规格尺寸以体积计算。

4.7.2.2 屋面木基层

屋面木基层工作内容:椽子制作、安装,望板制作、安装,顺水条和挂瓦条制作、安装,刷防护材料。

屋面木基层工程量,按椽子断面尺寸及椽距,望板材料种类、厚度,防护材料种类计算,计量单位:m²。屋面木基层按设计图示尺寸以斜面积计算。不扣除房上烟囱、风帽底座、风道、小气窗、斜沟等所占面积。小气窗的出檐部分不增加面积。

4.7.2.3 木构件

木构件工作内容:制作,运输,安装,刷防护材料。

木柱、木梁工程量,按构件规格尺寸,木材种类,刨光要求,防护材料种类计算,计量单位:m³。木柱、木梁按设计图示尺寸以体积计算。

木檩工程量,按构件规格尺寸,木材种类,刨光要求,防护材料种类计算,计量单位:m³、m。木檩以立方米计量,按设计图示尺寸以体积计算;以米计量,按设计图示尺寸以长度计算。

木楼梯工程量,按楼梯形式,木材种类,刨光要求,防护材料种类计算,计量单位:m²。木楼梯按设计图示尺寸以水平投影面积计算。不扣除宽度≤300mm 的楼梯井,伸入墙内部分不计算。

其他木构件工程量,按构件名称,构件规格尺寸,木材种类,刨光要求,防护材料种类计算,计量单位:m³、m。其他木构件以立方米计量,按设计图示尺寸以体积计算;以米计量,按设计图示尺寸以长度计算。

4.8 楼地面工程

4.8.1 垫层

垫层工作内容:突出、铺设、找平、夯实、调制砂浆、灌缝、混凝土搅拌、捣固、养护。

垫层工程量,按不同垫层材料、级配、干铺或灌浆,以垫层的体积计算,计量单位:10m³。垫层体积按室内主墙间净空面积乘以垫层设计厚度计算,应扣除突出地面的构筑物、设备基础、室内管道、地沟等所占体积,不扣除柱、垛、间壁墙、附墙烟囱及面积在 0.3m² 以内孔洞所占体积。

原土夯砾石工程量,按夯砾石的面积计算,计量单位:100m²。

4.8.2 找平层

找平层工作内容:清理基层、调运砂浆、抹平、压实、混凝土搅拌、捣平、压实、刷素水泥浆。

找平层工程量,按不同找平层材料、基层软硬程度,以找平层的面积计算,计量单位:100m²。找平层面积是指主墙间净空面积。应扣除突出地面构筑物、设备基础、室内管道、地沟等所占面积,不扣除柱、垛、间壁墙、附墙烟囱及面积在0.3m²以内的孔洞所占面积,但门洞、空圈、暖气包槽、壁龛的开口部分亦不增加。

4.8.3 整体面层

水泥砂浆面层工作内容:清理基层、调运砂浆、刷素水泥浆、抹面、压光、养护。

水泥砂浆楼地面面层工程量,按主墙间净空面积计算,计量单位:100m²。应扣除突出地面构筑物、设备基础、室内管道、地沟等所占面积,不扣除柱、垛、间壁墙、附墙烟囱及面积在0.3m²以内的孔洞所占面积,但门洞、空圈、暖气包槽、壁龛的开口部分亦不增加。

水泥砂浆楼梯面层工程量,按楼梯的水平投影面积计算,计量单位:100m²。不扣除宽度小于500mm的楼梯井面积。

水泥砂浆台阶面层工程量,按台阶的水平投影面积计算,计量单位:100m²。台阶最上一步宽度按300mm计。

水泥砂浆踢脚板工程量,按踢脚板的长度计算,计量单位:100m,不扣除门洞口、空圈所占长度,但洞口、空圈、垛、附墙烟囱等侧壁长度亦不增加。

水泥豆石浆面层工作内容:清理基层、调运砂浆、刷素水泥浆、抹面。

水泥豆石浆地面、楼梯面工程量算法同水泥砂浆楼地面、楼梯面工程量算法。

明沟工作内容:挖土方、混凝土垫层、砌砖或浇捣混凝土水泥砂浆面层。

明沟工程量,按不同明沟材料、靠墙与否,以明沟的中心线长度计算,计量单位:100m。

散水、坡道工作内容:清理基层、浇捣混凝土、面层抹灰压实。

混凝土散水、水泥砂浆防滑坡道工程量,均按其实铺面积计算,计量单位:100m²。散水实铺面积可按散水中心线长度乘以散水宽度计算。

菱苦土地面工作内容:调制菱苦土浆、打蜡等。

菱苦土地面工程量,按主墙间净空面积计算,计量单位:100m²。

金属嵌条工作内容:划线、定位。

水磨石嵌金属条工程量,按金属条的长度计算,计量单位:100m。

防滑条工作内容:钻眼、打木楔、安装、搅拌砂浆、铺设。

防滑条工程量,按不同防滑条材料,以防滑条的长度计算,计量单位:100m。楼梯防滑条长度按楼梯踏步长度减300mm计算。

4.9　屋面及防水工程

4.9.1　屋面

4.9.1.1　瓦屋面

瓦屋面工作内容:砂浆制作、运输、摊铺、养护,安瓦、作瓦脊。

瓦屋面工程量,按瓦品种、规格,粘结层砂浆的配合比计算,计量单位:m²。瓦屋面按设计图示尺寸以斜面积计算。不扣除房上烟囱、风帽底座、风道、小气窗、斜沟等所占面积。小气窗的出檐部分不增加面积。屋面坡度系数可根据屋面坡度或坡角查表4-13取得。

表 4-13　屋面坡度系数

屋面坡度	屋面坡角	屋面坡度系数	屋面坡度	屋面坡角	屋面坡度系数
1	45°	1.4142	0.40	21°48′	1.0770
0.75	36°52′	1.2500	0.35	19°17′	1.0594
0.70	35°	1.2207	0.30	16°42′	1.0440
0.666	33°40′	1.2015	0.25	14°02′	1.0308
0.65	33°01′	1.1926	0.20	11°19′	1.0198
0.60	30°58′	1.1662	0.15	8°32′	1.0112
0.577	30°	1.1547	0.125	7°8′	1.0078
0.55	28°49′	1.1413	0.100	5°42′	1.0050
0.50	26°34′	1.1180	0.083	4°45′	1.0035
0.45	24°14′	1.0966	0.066	3°49′	1.0022

石棉瓦铺设工作内容:檩条上铺钉石棉瓦、安脊瓦。

小波、大波石棉瓦铺设工程量,按不同檩条材质,以屋面的斜面积计算,计量单位:100m^2。

金属压型板屋面工作内容:压型板变形修理、临时加固、吊装、就位、找正、螺栓固定。

金属压型板屋面工程量,按不同檩条中距,以屋面的斜面积计算,计量单位:100m^2。

4.9.1.2　卷材屋面

油毡屋面工作内容:熬制沥青玛琋脂、配制冷底子油、刷冷底子油、贴附加层、铺贴卷材收头。

石油沥青玛琋脂油毡屋面工程量,按不同油毡层数,有否砂层,以油毡屋面的斜面积计算,计量单位:100m^2。不扣除房上烟囱、风帽底座、风道、屋面小气窗和斜沟所占的面积。屋面女儿墙、伸缩缝和天窗等处的弯起部分面积并入屋面工程量内。如设计无规定,伸缩缝、女儿墙的弯起部分高度可按 250mm 计算;天窗弯起部分高度可按500mm 计算。附加层、接缝、收头、找平层的嵌缝、冷底子油不另计算。

高分子卷材屋面工作内容:清理基层、找平层分格缝嵌油膏、防水薄弱处刷涂膜附加层、刷底胶、铺贴卷材、接缝嵌油膏、做收头、涂刷着色剂保护层二遍。

高分子卷材屋面工程量,按不同卷材品种,铺设方法,以屋面的斜面积计算,计量单位:100m²。

防水柔毡铺贴工作内容:清扫基层、熔化粘胶、涂刷粘胶、铺贴柔毡、收头铺撒白石子保护层。

防水柔毡铺贴工程量,按柔毡铺贴的屋面面积计算,计量单位:100m²。

聚氯乙烯防水卷材(铝合金压条)铺贴工作内容:清理基层、铺卷材、钉压条、射钉上嵌密封膏收头。

聚氯乙烯防水卷材铺贴工程量,按防水卷材所铺贴的面积计算,计量单位:100m²。

SBC复合卷材铺贴工作内容:找平层嵌缝、刷聚氨酯涂膜附加层、用掺胶水泥浆贴卷材、聚氨酯胶接缝搭接。

SBC复合卷材铺贴工程量,按复合卷材所铺贴的面积计算,计量单位:100m²。

4.9.1.3 涂膜屋面

屋面满涂塑料油膏工作内容:油膏加热、屋面满涂油膏。

屋面满涂塑料油膏工程量,按屋面的斜面积计算,计量单位:100m²。

塑料油膏嵌缝工作内容:油膏加热、板缝嵌油膏。

塑料油膏嵌缝工程量,按嵌油膏的板缝长度计算,计算单位:100m。

塑料油膏玻璃纤维布铺贴工作内容:刷冷底子油、找平层分格缝嵌油膏、贴防水附加层、铺贴玻璃纤维布、表面撒砾砂保护层。

塑料油膏玻璃纤维布铺贴工程量,按屋面的斜面积计算,计量单位:100m²。

屋面分格缝工作内容:支座处干铺油毡一层、清理缝、熬制油膏、油膏灌缝、沿缝上做二毡三油一砂。

屋面分格缝工程量,按分格缝的长度计算,计量单位:100m。

塑料油膏贴玻璃布盖缝工作内容:缝灌油膏、缝上铺贴玻璃纤维布。

塑料油膏贴玻璃布盖缝工程量,按盖缝的长度计算,计量单位:100m。

聚氨酯涂膜防水屋面工作内容:涂刷聚氨酯底胶、刷聚氨酯防水层两遍、撒石碴做保护层(或做刚性块料层的连接层)。

聚氨酯涂膜防水屋面工程量,按屋面的斜面积计算,计量单位:100m^2。

防水砂浆铺抹工作内容:清理基层、调配砂浆、铺抹砂浆、养护。

防水砂浆铺抹工程量,区别有无掺防水剂,以防水砂浆铺抹面积计算,计量单位:100m^2。

氯丁冷胶贴聚酯布工作内容:涂刷底胶、做一布一涂附加层于防水薄弱处、冷胶贴聚酯布防水层、最表层撒细砂保护层。

氯丁冷胶贴聚酯布工程量,按屋面的斜面积计算,计量单位:100m^2。

4.9.1.4 屋面排水

铁皮排水部件工作内容:铁皮截料、制作安装。

铁皮排水部件(如水落管、檐沟、天沟、泛水等)工程量,均按其铁皮展开面积计算,计量单位:100m^2。咬口和搭接不另计算。铁皮排水部件单体展开面积可按表4-14折算。

表4-14 铁皮排水单体折算面积

名　称	单位	折算面积 (m^2)	名　称	单位	折算面积 (m^2)
水落管	m	0.32	天窗窗台泛水	m	0.50
檐沟	m	0.30	天窗侧面泛水	m	0.70
水斗	个	0.40	烟囱泛水	m	0.80
漏斗	个	0.16	通气管泛水	m	0.22

名　　称	单位	折算面积 （m²）	名　　称	单位	折算面积 （m²）
下水口	个	0.45	滴水檐头泛水	m	0.24
天沟	m	1.30	滴水	m	0.11
斜沟	m	0.50			

铸铁水落管工作内容:切管、埋管卡、安水管、合灰捻口。

铸铁水落管工程量,按不同水落管直径,以铸铁水落管的长度计算,计量单位:10m。

铸铁雨水口工作内容:就位、安装。

铸铁雨水口工程量,按不同雨水口直径,以雨水口的个数计算,计量单位:10个。

铸铁水斗、弯头工作内容:就位、安装。

铸铁水斗工程量,按不同落水口直径,以铸铁水斗的个数计算,计量单位:10个。

铸铁弯头(含箅子板)工程量,按弯头个数计算,计量单位:10个。

单屋面玻璃钢排水管系统工作内容:埋设管卡箍、截管、涂胶、接口。

屋面阳台玻璃钢排水管系统工作内容:埋设管卡箍,截管,涂胶,安三通、伸缩节、管等。

玻璃钢排水管工程量,按不同系统、排水管直径,以玻璃钢排水管的长度计算,计量单位:10m。

玻璃钢水斗工作内容:细石混凝土填缝、涂胶、接口。

玻璃钢水斗工程量,按不同水斗直径,以玻璃钢水斗的个数计算,计量单位:10个。

玻璃钢弯头、短管工作内容:涂胶、接口。

玻璃钢弯头、短管工程量,均按弯头、短管的个数计算,计量单位:10个。

4.9.2 防水

4.9.2.1 卷材防水

屋面卷材防水工作内容：基层处理,刷底油,铺油毡卷材、接缝。

屋面卷材防水工程量,按卷材品种、规格、厚度,防水层数,防水层做法计算,计量单位:m²。屋面卷材防水按设计图示尺寸以面积计算。

1. 斜屋顶(不包括平屋顶找坡)按斜面积计算,平屋顶按水平投影面积计算。

2. 不扣除房上烟囱、风帽底座、风道、屋面小气窗和斜沟所占面积。

3. 屋面的女儿墙、伸缩缝和天窗等处的弯起部分,并入屋面工程量内。

墙面卷材防水工作内容：基层处理,刷粘结剂,铺防水卷材,接缝、嵌缝。

墙面卷材防水工程量,按卷材品种、规格、厚度,防水层数,防水层做法计算,计量单位:m²。墙面卷材防水按设计图示尺寸以面积计算。

楼(地)面卷材防水工作内容：基层处理,刷粘结剂,铺防水卷材,接缝、嵌缝。

楼(地)面卷材防水工程量,按卷材品种、规格、厚度,防水层数,防水层做法,反边高度计算,计量单位:m²。楼(地)面卷材防水按设计图示尺寸以面积计算。

1. 楼(地)面防水:按主墙间净空面积计算,扣除突出地面的构筑物、设备基础等所占面积,不扣除间壁墙及单个面积≤0.3m²柱、垛、烟囱和孔洞所占面积。

2. 楼(地)面防水反边高度≤300mm 算作地面防水,反边高度>

300mm 算作墙面防水。

4.9.2.2 涂膜防水

屋面涂膜防水工作内容:基层处理,刷基层处理剂,铺布、喷涂防水层。

屋面涂膜防水工程量,按防水膜品种,涂膜厚度、遍数,增强材料种类计算,计量单位:m²。屋面涂膜防水按设计图示尺寸以面积计算。

1. 斜屋顶(不包括平屋顶找坡)按斜面积计算,平屋顶按水平投影面积计算。

2. 不扣除房上烟囱、风帽底座、风道、屋面小气窗和斜沟所占面积。

3. 屋面的女儿墙、伸缩缝和天窗等处的弯起部分,并入屋面工程量内。

墙面涂膜防水工作内容:基层处理,刷基层处理剂,铺布、喷涂防水层。

墙面涂膜防水工程量,按防水膜品种,涂膜厚度、遍数,增强材料种类计算,计量单位:m²。墙面按设计图示尺寸以面积计算。

楼(地)面涂膜防水工作内容:基层处理,刷基层处理剂,铺布、喷涂防水层。

楼(地)面涂膜防水工程量,按防水膜品种,涂膜厚度、遍数,增强材料种类,反边高度计算,计量单位:m²。楼(地)面按设计图示尺寸以面积计算。

1. 楼(地)面防水:按主墙间净空面积计算,扣除突出地面的构筑物、设备基础等所占面积,不扣除间壁墙及单个面积≤0.3m²柱、垛、烟囱和孔洞所占面积。

2. 楼(地)面防水反边高度≤300mm 算作地面防水,反边高度>300mm算作墙面防水。

4.9.3 变形缝

变形缝工作内容:清缝,填塞防水材料,止水带安装,盖缝制作、安装,刷防护材料。

变形缝工程量,按嵌缝材料种类,止水带材料种类,盖缝材料、防护材料种类计算,计量单位:m。变形缝按设计图示尺寸以长度计算。

4.10 防腐、保温、隔热工程

4.10.1 防腐

4.10.1.1 整体面层

砂浆、混凝土、胶泥面层工作内容:清扫基层,调运砂浆、混凝土、胶泥,刷胶泥,浇灌混凝土,铺抹砂浆等。

砂浆、混凝土、胶泥面层工程量,按不同砂浆、混凝土、胶泥品种,以其实际摊铺的面积计算,计量单位:100m²。其中重晶石混凝土面层工程量,以其体积计算,计量单位:10m³。

玻璃钢面层工作内容:清理基层、调运砂浆、调运胶泥、胶浆配制、涂刷、腻子配制、嵌刮、贴布、涂刷面层等。

玻璃钢面层工程量,按不同玻璃钢品种,以玻璃钢实铺面积计算,计量单位:100m²。贴布与面漆应分别计算其工程量。

软聚氯乙烯塑料地面工作内容:清理基层、配料、下料、涂胶、铺贴、滚压、养护、焊接缝、整平、安装压条、铺贴踢脚板。

软聚氯乙烯板地面工程量,按聚氯乙烯板实铺面积计算,计量单位:100m²。

4.10.1.2 隔离层

隔离层工作内容:基层清理、刷油,煮沥青,胶泥调制,隔离层铺设。

隔离层工程量,按隔离层部位,隔离层材料品种,隔离层做法,粘贴材料种类计算,计量单位:m²。隔离层按设计图示尺寸以面积计算。

1. 平面防腐:扣除突出地面的构筑物、设备基础等及面积>0.3m²孔洞、柱、垛所占面积。

2. 立面防腐:扣除门、窗、洞口及面积>0.3m²孔洞、梁所占面积,门、窗、洞口侧壁、垛突出部分按展开面积并入墙面积内。

4.10.1.3 块料防腐面层

块料防腐面层工作内容:基层清理,铺贴块料,胶泥调制、勾缝。

块料防腐面层工程量,按防腐部位,块料品种、规格,粘结材料种类,勾缝材料种类计算,计量单位:m²。块料防腐面层按设计图示尺寸以面积计算。

1. 平面防腐:扣除突出地面的构筑物、设备基础等及面积>0.3m²孔洞、柱、垛所占面积。

2. 立面防腐:扣除门、窗、洞口及面积>0.3m²孔洞、梁所占面积,门、窗、洞口侧壁、垛突出部分按展开面积并入墙面积内。

4.10.1.4 池、槽块料防腐面层

池、槽块料防腐面层工作内容:基层清理,铺贴块料,胶泥调制、勾缝。

池、槽块料防腐面层工程量,按防腐池、槽名称、代号,块料品种、规格,粘结材料种类,勾缝材料种类计算,计量单位:m²。池、槽块料防腐面层按设计图示尺寸以展开面积计算。

4.10.1.5 防腐涂料

防腐涂料工作内容:基层清理,刮腻子,刷涂料。

防腐涂料工程量,按涂刷部位,基层材料类型,刮腻子的种类、遍数,涂料品种、刷涂遍数计算,计量单位:m²。防腐涂料按设计图示尺寸以面积计算。

1. 平面防腐:扣除突出地面的构筑物、设备基础等及面积 >
0.3m² 孔洞、柱、垛所占面积。

2. 立面防腐:扣除门、窗、洞口以及面积 >0.3m² 孔洞、梁所占面
积,门、窗、洞口侧壁、垛突出部分按展开面积并入墙面积内。

4.10.2 保温隔热

4.10.2.1 保温隔热屋面

保温隔热屋面工作内容:基层清理,刷粘结材料,铺粘保温层,
铺、刷(喷)防护材料。

保温隔热屋面工程量,按保温隔热材料品种、规格、厚度,隔气层
材料品种、厚度,粘结材料种类、做法,防护材料种类、做法计算,计量
单位:m²。保温隔热屋面按设计图示尺寸以面积计算,扣除面积 >
0.3m² 孔洞及占位面积。

4.10.2.2 保温隔热天棚

保温隔热天棚工作内容:基层清理,刷粘结材料,铺粘保温层,
铺、刷(喷)防护材料。

保温隔热天棚工程量,按保温隔热面层材料品种、规格、性能,保
温隔热材料品种、规格及厚度,粘结材料种类及做法,防护材料种类
及做法计算,计量单位:m²。保温隔热天棚按设计图示尺寸以面积
计算,扣除面积 >0.3m² 柱、垛、孔洞所占面积。

4.10.2.3 保温隔热墙面,保温柱、梁

保温隔热墙面,保温柱、梁工作内容:基层清理,刷界面剂,安装
龙骨,填贴保温材料,保温板安装,粘贴面层,铺设增强格网,抹抗裂、
防水砂浆面层,嵌缝,铺、刷(喷)防护材料。

保温隔热墙面,保温柱、梁工程量,按保温隔热部位,保温隔热方
式,踢脚线、勒脚线保温做法,龙骨材料品种、规格,保温隔热面层材
料品种、规格、性能,保温隔热材料品种、规格及厚度,增强网及抗裂
防水砂浆种类,粘结材料种类及做法,防护材料种类及做法计算,计

量单位:m²。

保温隔热墙面按设计图示尺寸以面积计算,扣除门窗洞口以及面积 >0.3m²梁、孔洞所占面积;门窗洞口侧壁需做保温时,并入保温墙体工程量内。

保温柱、梁按设计图示尺寸以面积计算。

1. 柱按设计图示柱断面保温层中心线展开长度乘保温层高度以面积计算,扣除面积 >0.3m²梁所占面积。

2. 梁按设计图示梁断面保温层中心线展开长度乘保温层长度以面积计算。

4.10.2.4 保温隔热楼地面

保温隔热楼地面工作内容:基层清理,刷粘结材料,铺粘保温层,铺、刷(喷)防护材料。

保温隔热楼地面工程量,按保温隔热部位,保温隔热材料品种、规格、厚度,隔气层材料品种、厚度,粘结材料种类、做法,防护材料种类、做法计算,计量单位:m²。保温隔热楼地面按设计图示尺寸以面积计算。扣除面积 >0.3m²柱、垛、孔洞所占面积。门洞、空圈、暖气包槽、壁龛的开口部分不增加面积。

4.10.2.5 其他保温隔热

其他保温隔热工作内容:基层清理,刷界面剂,安装龙骨,填贴保温材料,保温板安装,粘贴面层,铺设增强格网,抹抗裂、防水砂浆面层,嵌缝,铺、刷(喷)防护材料。

其他保温隔热工程量,按保温隔热部位,保温隔热方式,隔气层材料品种、厚度,保温隔热面层材料品种、规格、性能,保温隔热材料品种、规格及厚度,粘结材料种类及做法,增强网及抗裂防水砂浆种类,防护材料种类及做法计算,计量单位:m²。其他保温隔热按设计图示尺寸以展开面积计算。扣除面积 >0.3m²孔洞及占位面积。

4.11 装饰工程

4.11.1 墙、柱面装饰

4.11.1.1 一般抹灰

墙面一般抹灰工作内容:基层清理,砂浆制作、运输,底层抹灰,抹面层,抹装饰面,勾分格缝。

墙面一般抹灰工程量,按墙体类型,底层厚度、砂浆配合比、面层厚度、砂浆配合比,装饰面材料种类,分格缝宽度、材料种类计算,计量单位:m²。墙面一般抹灰按设计图示尺寸以面积计算。扣除墙裙、门窗洞口及单个>0.3m²的孔洞面积,扣除踢脚线、挂镜线和墙与构件交接处的面积,门窗洞口和孔洞的侧壁及顶面不增加面积。附墙柱、梁、垛、烟囱侧壁并入相应的墙面面积内。

1. 外墙抹灰面积按外墙垂直投影面积计算。

2. 外墙裙抹灰面积按其长度乘以高度计算。

3. 内墙抹灰面积按主墙间的净长乘以高度计算。

1)无墙裙的,高度按室内楼地面至天棚底面计算。

2)有墙裙的,高度按墙裙顶至天棚底面计算。

3)有吊顶天棚抹灰,高度算至天棚底。

4. 内墙裙抹灰面按内墙净长乘以高度计算。

柱、梁面一般抹灰工作内容:基层清理,砂浆制作、运输,底层抹灰,抹面层,勾分格缝。

柱、梁面一般抹灰工程量,按柱(梁)体类型,底层厚度、砂浆配合比,面层厚度、砂浆配合比,装饰面材料种类,分格缝宽度、材料种类计算,计量单位:m²。柱、梁面一般抹灰、柱面抹灰,按设计图示柱断面周长乘高度以面积计算;梁面抹灰,按设计图示梁断面周长乘长度以面积计算。

零星项目一般抹灰工作内容:基层清理,砂浆制作、运输,底层抹灰,抹面层,抹装饰面,勾分格缝。

零星项目一般抹灰工程量,按基层类型、部位、底层厚度、砂浆配合比、面层厚度、砂浆配合比、装饰面材料种类、分格缝宽度、材料种类计算,计量单位:m^2。零星项目一般抹灰按设计图示尺寸以面积计算。

4.11.2 天棚装饰

4.11.2.1 天棚抹灰

天棚抹灰工作内容:基层清理,底层抹灰,抹面层。

天棚抹灰工程量,按基层类型,抹灰厚度、材料种类,砂浆配合比计算,计量单位:m^2。天棚抹灰按设计图示尺寸以水平投影面积计算。不扣除间壁墙、垛、柱、附墙烟囱、检查口和管道所占的面积,带梁天棚、梁两侧抹灰面积并入天棚面积内,板式楼梯底面抹灰按斜面积计算,锯齿形楼梯底板抹灰按展开面积计算。

4.12 金属结构制作工程

4.12.1 钢结构制作

钢结构包括钢网架、钢屋架、钢托架、钢桁架、钢架桥、钢柱、钢梁、钢板楼板、墙板、钢构件。

钢结构制作工作内容:拼装,安装,探伤,补刷油漆

钢网架工程量,按设计图示尺寸以质量计算,不扣除孔眼的质量,焊条、铆钉、螺栓等不另增加质量。

钢屋架工程量,以榀计量,按设计图示数量计算;以吨计量,按设计图示尺寸以质量计算。不扣除孔眼的质量,焊条、铆钉、螺栓等不另增加质量。

钢托架、钢桁架工程量,按设计图示尺寸以质量计算,不扣除孔

眼的质量,焊条、铆钉、螺栓等不另增加质量。

钢桥架工程量,按设计图示尺寸以质量计算,不扣除孔眼的质量,焊条、铆钉、螺栓等不另增加质量。

实腹钢柱、空腹钢柱工程量,按设计图示尺寸以质量计算。不扣除孔眼的质量,焊条、铆钉、螺栓等不另增加质量,依附在钢柱上的牛腿及悬臂梁等并入钢柱工程量内。

钢管柱工程量,按设计图示尺寸以质量计算。不扣除孔眼的质量,焊条、铆钉、螺栓等不另增加质量,钢管柱上的节点板、加强环、内衬管、牛腿等并入钢管柱工程量内。

钢梁、钢吊车梁工程量,按设计图示尺寸以质量计算,不扣除孔眼的质量,焊条、铆钉、螺栓等不另增加质量,制动梁、制动板、制动桁架、车挡并入钢吊车梁工程量内。

钢板楼板工程量,按设计图示尺寸以铺设水平投影面积计算,不扣除单个面积≤0.3m² 柱、垛及孔洞所占面积。

钢板墙板工程量,按设计图示尺寸以铺挂面积计算,不扣除单个面积≤0.3m² 的梁、孔洞所占面积,包角、包边、窗台泛水等不另加面积。

钢支撑、钢拉条、钢檩条、钢天窗架、钢挡风架、钢墙架、钢平台、钢走道、钢梯、钢栏杆工程量,按设计图示尺寸以质量计算,不扣除孔眼的质量,焊条、铆钉、螺栓等不另增加质量。

钢板天沟工程量,按设计图示尺寸以质量计算,不扣除孔眼的质量,焊条、铆钉、螺栓等不另增加质量,依附天沟的型钢并入天沟工程量内。

钢支架、零星钢构件工程量,按设计图示尺寸以质量计算,不扣除孔眼的质量,焊条、铆钉、螺栓等不另增加质量。

4.12.2 钢漏斗、H 型钢制作

钢漏斗、H 型钢制作工作内容:放样、划线、截料、平直、钻孔、拼

接、焊接、成品矫正、除锈、刷防锈漆一遍及成品编号堆放。

钢漏斗工程量,按钢材品种、规格,漏斗形式,安装高度,探伤要求计算,计量单位:t。钢漏斗按设计图示尺寸以质量计算,不扣除孔眼的质量,焊条、铆钉、螺栓等不另增加质量,依附漏斗的型钢并入漏斗工程量内。

H型钢制作工程量,按其质量计算,计量单位:t。H型钢的中腹板及翼板宽度按图示尺寸每边增加25mm计算。

4.12.3 球节点钢网架制作

球节点钢网架制作工作内容:定位、放线、放样、搬运材料、制作拼装、油漆等。

球节点钢网架制作工程量,按钢网架各组成杆件质量之和计算,计量单位:t。

4.12.4 钢屋架、钢托架制作平台摊销

钢屋架、钢托架制作平台摊销工程量,按不同钢屋架、钢托架单个质量,以钢屋架、钢托架的质量计算,计量单位:t。

4.13 建筑工程垂直运输

建筑物垂直运输已纳入措施项目中,其费用另计。

5 定额调整

《全国统一建筑工程基础定额》或《地区建筑工程预算定额》中的综合工日、材料耗用、机械台班定额，均是在一定施工条件下制定的，当现场的具体施工条件与定额本上规定的施工条件有差异时，应对有关定额进行调整。定额调整应在查取定额前完成，若不进行定额调整，会使某个分部分项子目的各项费用发生差错。

5.1 土石方工程定额调整

5.1.1 人工土石方

人工挖湿土时，人工定额乘以系数 1.18。地下水位以下为湿土时，排水另行计算。

在有挡土板支撑下挖土方时，人工定额乘以系数 1.43。

人工挖孔桩，当孔桩深度超过 12m，但小于 16m 时，按 12m 项目人工定额乘以系数 1.3;20m 以内者，按 12m 项目人工定额乘以系数 1.5。挖桩间土方时，人工定额乘以系数 1.5。

石方爆破采用闷炮法时，闷炮的覆盖材料另行计算。

石方爆破采用火雷管爆破时，雷管应换算，数量不变。扣除定额中的胶质导线，换为导火索，导火索的长度按每个雷管 2.12m 计算。

爆破炮孔中若出现地下渗水、积水时，覆盖的安全网、草袋、安全屏障等费用另计。

5.1.2 机械土石方

机械挖土方中,人工挖土方应占 10%,人工挖土部分按相应项目人工定额乘以系数 2。

土壤含水率大于 25% 时,人工定额和机械定额均乘以系数 1.15。若含水率大于 40% 时另行计算。

推土机推土或铲运机铲土,土层平均厚度小于 300mm 时,推土机台班定额乘以系数 1.25;铲运机台班定额乘以系数 1.17。

挖掘机在垫板上进行作业时,人工定额和机械定额均乘以系数 1.25。垫板铺设所需工料另行计算。

推土机、铲运机推铲未经压实的积土时,相应机械定额及人工定额均乘以系数 0.73。

机械土方定额是按三类土编制的,如实际土壤类别不同时,机械台班定额乘以表 5-1 中所列系数。

表 5-1 不同土壤类别机械台班定额调整系数

项　　　目	一、二类土壤	三、四类土壤
推土机推土方	0.84	1.18
铲运机铲运土方	0.84	1.26
自行铲运机铲运土方	0.86	1.09
挖掘机挖土方	0.84	0.14

5.2 桩基础工程定额调整

单位工程打(灌)桩工程量在表 5-2 规定数量以内时,按相应项目的人工定额和机械定额均乘以系数 1.25 计算。

焊接桩接头钢材用量,设计与定额用量不同时,可按设计用量换算。

打试验桩按相应项目的人工和机械定额乘以系数 2 计算。

表 5-2　单位工程打(灌)桩工程量

项　　目	单位工程的工程量
钢筋混凝土方桩	$150m^3$
钢筋混凝土管桩	$50m^3$
钢筋混凝土板桩	$50m^3$
钢板桩	50t
打孔灌注混凝土桩	$60m^3$
打孔灌注砂、石桩	$60m^3$
钻孔灌注混凝土桩	$100m^3$
潜水钻孔灌注混凝土桩	$100m^3$

打桩、打孔,桩间净距小于4倍桩径(桩边长)的,按相应项目中的人工和机械定额乘以系数 1.13。

打斜桩,桩斜度在1:6以内者,按相应项目的人工和机械定额乘以系数 1.25;桩斜度大于1:6者,按相应项目的人工和机械定额乘以系数 1.43。

在堤坡上(坡度大于15°)打桩时,按相应项目的人工和机械定额乘以系数 1.15。

在基坑内(基坑深度大于1.5m)打桩或在地坪上打坑槽内(坑槽深度大于1m)桩时,按相应项目的人工和机械定额乘以系数 1.11。

在桩间补桩或强夯后的地基打桩时,按相应项目的人工和机械定额乘以系数 1.15。

打送桩时,按相应打桩项目的人工和机械定额乘以表 5-3 所列系数计算。

表 5-3　打送桩定额系数

送　桩　深　度	系　　　数
2m 以内	1.25
2~4m	1.43
4m 以上	1.67

5.3 脚手架工程定额调整

脚手架工程已纳入措施项目中,其费用另计。

5.4 砌筑工程定额调整

定额中砖的规格是按标准砖编制的,砌块、多孔砖规格是按常用规格编制的。规格不同时,可以换算其材料数量。

填充墙以填炉渣、炉渣混凝土为准,如实际使用材料与定额不同时允许换算,其他不变。

硅酸盐砌块、加气混凝土砌块墙是按水泥混合砂浆编制的,如使用水玻璃矿渣等粘结剂为胶合料时,应按设计要求另行换算。

圆形烟囱基础按砖基础定额执行,人工定额乘以系数1.2。

砖砌挡土墙,2砖厚以上执行砖基础定额;2砖厚以内执行砖墙定额。

砂浆强度等级如与定额不同时,可以换算,只换砂浆强度等级,不换其砂浆用量。

毛石护坡高度超过4m时,其人工定额乘以系数1.15。

砌筑圆弧形石砌体基础、墙(含砖石混合砌体),按相应项目的人工定额乘以系数1.1。

5.5 混凝土及钢筋混凝土工程定额调整

现浇混凝土梁、板、柱、墙的支模高度超过3.6m时,超过部分工程量另按超高的项目计算。

非预应力钢筋如设计要求冷加工时,另行计算。

预应力钢筋如设计要求人工时效处理时,应另行计算。

预制构件钢筋,如用不同直径钢筋点焊在一起时,按直径最小的定额项目计算,如粗细钢筋直径比在两倍以上时,其人工定额乘以系数 1.25。

后张法钢筋如不用钢筋帮条焊或 U 形插垫锚固时,应另行计算。

表 5-4 所列构件,其钢筋可按表列系数调整其人工、机械定额,即人工、机械定额乘以表列系数。

表 5-4　某些构件钢筋定额调整系数

项　　目	预制构件		现浇构件		构　筑　物			
	拱、梯形屋架	托架梁	小型构件	小型池槽	烟囱	水塔	贮　　仓	
							矩形	圆形
工日、机械定额调整系数	1.16	1.05	2.00	2.52	1.70	1.70	1.25	1.50

毛石混凝土,定额是按毛石占结构体积的 20% 计算,如设计毛石体积百分比不同时,应换算毛石及混凝土用量,换算公式如下:

$$换算毛石体积 = 2.72 \times \frac{设计毛石体积百分比}{20\%}$$

$$换算混凝土体积 = 8.63 \times \frac{设计混凝土体积百分比}{80\%}$$

混凝土如设计强度等级与定额不同时,可以换算,只换算混凝土强度等级,不换算其用量。

5.6　构件运输及安装工程定额调整

使用汽车式起重机进行构件安装时,按轮胎式起重机相应项目的人工、材料、机械定额均乘系数 1.05。

起重机械、运输机械行驶道路的修整、铺垫的人工、材料和机械另行计算。

柱接柱中的钢筋焊接另行计算。

钢柱、钢屋架、天窗架安装定额中,不包括拼装工序,如需拼装时,按拼装定额项目计算。

预制混凝土构件若采用砖胎模制作时,其安装项目中的人工和机械定额均乘系数1.1。

单层房屋盖系统构件必须在跨外安装时,按相应构件安装项目的人工和机械定额乘以系数1.18,用塔式起重机、卷扬机时不乘此系数。

钢柱安装在混凝土柱上,其人工和机械定额乘以系数1.43。

预制混凝土构件、钢构件,若需跨外安装时,其人工和机械定额乘以系数1.18。

5.7 门窗及木结构工程定额调整

定额本上所列木材木种均以一、二类木材为准,如采用三、四类木材时,木门窗制作按相应项目的人工和机械定额乘以系数1.3;木门窗安装按相应项目的人工和机械定额乘以系数1.16;其他项目按相应项目的人工和机械定额乘以系数1.35。

木材木种分类如下:

一类:红松、水桐木、樟子松。

二类:白松、杉木(方杉、冷杉)、杨木、柳木、椴木。

三类:青松、黄花松、秋子木、马尾松、东北榆木、柏木、苦楝木、梓木、黄菠萝、椿木、楠木、柚木、樟木。

四类:栎木(柞木)、檀木、色木、槐木、荔木、麻栗木(麻栎、青钢)、桦木、荷木、水曲柳、华北榆木。

定额本中所注明的木材断面或厚度均以毛料为准,如设计的断面或厚度为净料时,应增加刨光损耗;板、方材一面刨光增加3mm;两面刨光增加5mm;圆木每立方米材积增加0.05m³。

定额本中木门窗框、扇断面取定如下:

无纱镶板门框:60mm×100mm

有纱镶板门框:60mm×120mm

无纱窗框:60mm×90mm

有纱窗框:60mm×110mm

无纱镶板门扇:45mm×100mm

有纱镶板门扇:45mm×100mm+35mm×100mm

无纱窗扇:45mm×60mm

有纱窗扇:45mm×60mm+35mm×60mm

胶合板门扇:38mm×60mm

设计断面与定额本上取定断面不同时,应按比例换算。框断面以边框断面为准(框裁口如为钉条者加贴条的断面);扇料以主梃断面为准。换算公式如下:

$$换算材积 = \frac{设计断面(加刨光损耗)}{定额断面} × 定额材积$$

保温门的填充料与定额本上不同时,可以换算,其他工料不变。

门窗玻璃、颜色、密封油膏、软填料,如设计与定额本上规定不同时可以调整。

钢门的钢材含量与定额本上规定的不同时,钢材用量可以换算,其他不变。

5.8 楼地面工程定额调整

水泥砂浆、水泥石子浆、混凝土等的配合比,如设计规定与定额本上规定不同时,可以换算其材料用量,但人工、机械定额不变。

定额本上踢脚板高度是按150mm编制的。设计踢脚板高度不是150mm,则按下式换算其材料用量,但人工、机械定额不变。

$$换算踢脚板材料用量 = \frac{踢脚板设计高度}{150mm} × 定额材料用量$$

各种明沟平均净空断面(深×宽)均按190mm×260mm计算,设计明沟如与此断面尺寸不同时,可以换算。按两者明沟的底宽比例,换算其人工、沟底材料、机械定额;按两者明沟的壁高比例,换算其人工、沟壁材料、机械定额。

5.9　屋面及防水工程定额调整

水泥瓦、黏土瓦、小青瓦、石棉瓦规格与定额本上规格不同时,瓦材数量可以换算,其他不变。

$$换算瓦材数量 = \frac{设计瓦材规格}{定额瓦材规则} \times 定额瓦材数量$$

变形缝填缝定额本上取定规格为:建筑油膏、聚氯乙烯胶泥断面为3cm×2cm;油浸木丝板断面为2.5cm×15cm;紫铜板止水带厚度为2mm,展开宽度为45cm;氯丁橡胶宽30cm;涂刷式氯丁胶贴玻璃止水片宽35cm;其余均为15cm×3cm。如设计断面与此不同时,可以换算其用料,人工定额不变。

木板盖缝定额本上取定断面为20cm×2.5cm,如设计断面与此不同时,可以换算其用料,人工定额不变。

5.10　防腐保温隔热工程定额调整

块料面层砌立面者,按平面砌相应项目,人工定额乘以系数1.38,踢脚板人工定额乘以系数1.56,其他不变。

各种砂浆、胶泥、混凝土等材料的种类、配合比及各种整体面层的厚度,如设计与定额本上规定不同时,可以换算,但各种块料面层的结合层砂浆或胶泥厚度不变。

花岗岩板材底面为毛面者,水玻璃砂浆增加0.38m³;耐酸沥青砂浆增加0.44m³。

稻壳中如需增加药物防虫时,材料另行计算,人工定额不变。

5.11 装饰工程定额调整

5.11.1 墙、柱面装饰

设计的砂浆品种、配合比,饰面材料型号规格等,如与定额本上所注明的不同时,可以调整其材料用量,但人工定额不变。

抹灰厚度,如设计与定额本上取定不同时,除个别项目有注明可以换算外,其他一律不作调整。

圆弧形、锯齿形的不规则墙面抹灰、饰面,按相应项目人工定额乘以系数1.15,其他不变。

5.11.2 天棚面装饰

定额本上所注明的砂浆品种和配合比、饰面材料型号规格等,如与设计不同时,可按设计调整其材料用量,但人工定额不变。

5.12 金属结构制作工程定额调整

定额编号 12-1 至 12-45 项所列其他材料费均由下列材料组成:木脚手板 0.03m³;木垫块 0.01m³;8 号铁丝 0.40kg;砂轮片 0.2 片;铁砂布 0.07 张;机油 0.04kg;洗油 0.03kg;铅油 0.80kg;棉纱头 0.11kg。

定额编号 12-1 至 12-45 项所列其他机械费由下列机械组成:座式砂轮机 0.56 台班;手动砂轮机 0.56 台班;千斤顶 0.56 台班;手动葫芦 0.56 台班;手电钻 0.56 台班。

6 工程量清单分部分项工程划分

6.1 建筑工程分部分项工程

建筑工程划分为以下分部工程,有土石方工程,地基处理与边坡支护工程,桩基工程,砌筑工程,混凝土及钢筋混凝土工程,金属结构工程,木结构工程,门窗工程,房屋及防水工程,保温、隔热、防腐工程。

每个分部工程又分为若干个子分部工程,例如:砌筑工程分布中分为砖砌体、砌块砌体、石砌体、垫层等四个子分部工程。

每个子分部工程中又分为若干个分项工程。每个分项工程中又分为若干个子目。每个子目应计算其工程量及计价。

建筑工程分部工程、子分部工程、分项工程名称见表6-1(按《房屋建筑与装饰工程量计价规范》划分)。

表6-1 建筑工程分部分项

序	分部工程	子分部工程	分项工程
1	土石方工程	土方工程	平整场地,挖一般土方,挖沟槽土方,挖基坑土方,冻土开挖,挖淤泥、流砂,管沟土方
		石方工程	挖一般石方,挖沟槽石方,挖基坑石方,挖管沟石方
		回填	回填方,余方弃置
2	地基处理与边坡支护工程	地基处理	换填垫层,铺设土工合成材料,预压地基,强夯地基,振冲密实(不填料),振冲桩(填料),砂石桩,水泥粉煤灰碎石桩,深层搅拌桩,粉喷桩,夯实水泥土桩,高压喷射注浆桩,石灰桩,灰土(土)挤密桩,柱锤冲扩桩,注浆地基,褥垫层

序	分部工程	子分部工程	分项工程
2	地基处理与边坡支护工程	基坑与边坡支护	地下连续墙,咬合灌注桩,圆木桩,预制钢筋混凝土板桩,型钢桩,钢板桩,预应力锚杆,锚索,土钉,喷射混凝土,水泥砂浆,混凝土支撑,钢支撑
3	桩基工程	打桩	预制钢筋混凝土方桩,预制钢筋混凝土管桩,钢管桩,截(凿)桩头
		灌注桩	泥浆护壁成孔灌注桩,沉管,灌注桩,干作业成孔灌注桩,挖孔桩土(石)方,人工挖孔灌注桩,钻孔压浆桩,桩底注浆
4	砌筑工程	砖砌体	砖基础,砖砌挖孔桩护壁,实心砖墙,多孔砖墙,空心砖墙,空斗墙,空花墙,填充墙,实心砖柱,多孔砖柱,砖检查井,零星砌砖,砖散水、地坪,砖地沟、明沟
		砌块砌体	砌块墙,砌块柱
		石砌体	石基础,石勒脚,石墙,挡土墙,石柱,石栏杆,石护坡,石台阶,石坡道,石地沟、明沟
		垫层	垫层
5	混凝土及钢筋混凝土工程	现浇混凝土基础	垫层,带形基础,独立基础,满堂基础,桩承台基础,设备基础
		现浇混凝土柱	矩形柱,构造柱,异形柱
		现浇混凝土梁	基础梁,矩形梁,异形梁,圈梁,过梁,弧形、拱形梁
		现浇混凝土墙	直形墙,弧形墙,短肢剪力墙,挡土墙
		现浇混凝土板	有梁板,无梁板,平板,拱板,薄壳板,栏板,天沟(檐沟)、挑檐板,雨篷、悬挑板,阳台板,空心板,其他板
		现浇混凝土楼梯	直形楼梯,弧形楼梯
		现浇混凝土其他构件	散水、坡道,室外地坪,电缆沟、地沟,台阶,扶手、压顶,化粪池,检查井,其他构件
		后浇带	后浇带

序	分部工程	子分部工程	分项工程
5	混凝土及钢筋混凝土工程	预制混凝土柱	矩形柱、异形柱
		预制混凝土梁	矩形梁、异形梁、过梁、拱形梁、鱼腹式吊车梁、其他梁
		预制混凝土屋架	折线形、组合、薄腹、门式刚架、天窗架
		预制混凝土板	平板、空心板、槽形板、网架板、折线板、带肋板、大型板、沟盖板、井盖板、井圈
		预制混凝土楼梯	楼梯
		其他预制构件	垃圾道、通风道、烟道、其他构件、水磨石构件
		钢筋工程	现浇混凝土钢筋、预制构件钢筋、钢筋网片、钢筋笼、先张法预应力钢筋、后张法预应力钢筋、预应力钢丝、预应力钢绞线、支撑钢筋(铁马)
		螺栓、铁件	螺栓、预埋铁件、机械连接
6	金属结构工程	钢网架	钢网架
		钢屋架、钢托架、钢桁架、钢架桥	钢屋架、钢托架、钢桁架、钢桥架
		钢柱	实腹钢柱、空腹钢柱、钢管柱
		钢梁	钢梁、钢吊车梁
		钢板楼板、墙板	钢板楼板、钢板墙板
		钢构件	钢支撑、钢拉条、钢檩条、钢天窗架、钢挡风架、钢墙架、钢平台、钢走道、钢梯、钢栏杆、钢漏斗、钢板天沟、钢支架、零星钢构件
		金属制品	成品空调金属百叶护栏、成品栅栏、成品雨篷、金属网栏、砌块墙钢丝网加固、后浇带金属网
7	木结构工程	木屋架	木屋架、钢木屋架
		木构件	木柱、木梁、木檩、木楼梯、其他木构件
		屋面木基层	屋面木基层

序	分部工程	子分部工程	分项工程
8	房屋及防水工程	瓦、型材及其他屋面	瓦屋面,型材屋面,阳光板屋面,玻璃钢屋面,膜结构屋面
		屋面防水剂及其他	屋面卷材防水,屋面涂膜防水,屋面刚性层,屋面排水管,屋面排(透)气管,屋面(廊、阳台)泄(吐)水管,屋面天沟、檐沟,屋面变形缝
		墙面防水、防潮	墙面卷材防水,墙面涂膜防水,墙面砂浆防水(防潮),墙面变形缝
		楼(地)面防水、防潮	楼(地)面卷材防水,楼(地)面涂膜防水,楼(地)面砂浆防水(防潮),楼(地)面变形缝
9	保温、隔热、防腐工程	保温隔热	保温隔热屋面,保温隔热天棚,保温隔热墙面,保温柱、梁,保温隔热楼地面,其他保温隔热
		防腐面层	防腐混凝土面层,防腐砂浆面层,防腐胶泥面层,玻璃钢防腐面层,聚氯乙烯板面层,块料防腐面层,池、槽块料防腐面层
		其他防腐	隔离层,砌筑沥青浸渍砖,防腐涂料

6.2 项目编码

每个分部分项子目应有一个项目编码。

项目编码采用12位阿拉伯数字表示,1~9位为统一编码。其中1~2位为专业工程顺序码,建筑工程为01,装饰装修工程为02,安装工程为03,市政工程为04,园林绿化工程为05;3~4位为分部工程顺序码;5~6位为子分部工程顺序码;7~9位为分项工程顺序码;10~12位为子目(清单项目名称)顺序码,子目顺序码应根据拟建工程的工程量清单项目名称由其编制人设置。

例如:实心砖墙项目编码为010401003(子目顺序码略)。其中01表示建筑工程,04表示砌筑工程分部顺序4,01表示砖砌体子分部顺序1,003表示实心砖墙分项顺序3。

7 工程量清单及其计价格式

7.1 工程量清单格式

工程量清单应采用统一格式。

工程量清单格式应由下列内容组成。

(1)一般规定;

(2)分部分项工程项目;

(3)措施项目;

(4)其他项目;

(5)规费;

(6)税金。

工程量清单应由招标人填写,作为招标文件的组成部分。

7.2 工程计价表格

工程计价表宜采用统一格式。

工程计价表应由下列内容组成。

(1)封面;

(2)扉页;

(3)总说明;

(4)汇总表;

(5)分部分项工程和措施项目计价表;

(6)其他项目计价表;

（7）规费、税金项目计价表；

（8）工程计量申请（核准）表；

（9）合同价款支付申请（核准）表；

（10）主要材料、工程设备一览表。

投标人应按招标文件的要求，附工程量清单综合单价分析表。

7.2.1 封面

（1）招标工程量清单封面（表7-1）。

填制说明：封面应填写招标工程项目的具体名称，招标人应盖单位公章，如委托工程造价咨询人编制，还应由其加盖相同单位公章。

（2）招标控制价封面（表7-2）。

填制说明：封面应填写招标工程项目的具体名称，招标人应盖单位公章，如委托工程造价咨询人编制，还应由其加盖相同单位公章。

（3）投标总价封面（表7-3）。

填制说明：应填写投标工程的具体名称，投标人应盖单位公章。

（4）竣工结算书封面（表7-4）。

填制说明：应填写竣工工程的具体名称，发承包双方应盖其单位公章，如委托工程造价咨询人办理的，还应加盖其单位公章。

表7-1　招标工程量清单

_____工程 招 标 工 程 量 清 单 招　标　人：_____ （单位盖章） 造价咨询人：_____ （单位盖章） 年　　月　　日

表 7-2　招标控制价

＿＿＿＿＿＿＿＿＿＿工程

招 标 控 制 价

招　标　人：＿＿＿＿＿＿＿＿＿＿＿
　　　　　　　（单位盖章）

造价咨询人：＿＿＿＿＿＿＿＿＿＿＿
　　　　　　　（单位盖章）

年　　月　　日

表 7-3　投标总价

＿＿＿＿＿＿＿＿＿＿工程

投 标 总 价

投　标　人：＿＿＿＿＿＿＿＿＿＿＿
　　　　　　　（单位盖章）

年　　月　　日

表 7-4　竣工结算书

＿＿＿＿＿＿＿＿＿＿工程

竣 工 结 算 书

发　包　人：＿＿＿＿＿＿＿＿＿＿＿
　　　　　　　（单位盖章）

承　包　人：＿＿＿＿＿＿＿＿＿＿＿
　　　　　　　（单位盖章）

造价咨询人：＿＿＿＿＿＿＿＿＿＿＿
　　　　　　　（单位盖章）

年　　月　　日

(5)工程造价鉴定意见书封面(表7-5)。

填制说明:应填写鉴定工程项目的具体名称,填写意见书文号,工程造价咨询人盖单位公章。

表7-5　工程造价鉴定意见书

_____工程

编号:×××[20××]××号

工 程 造 价 鉴 定 意 见 书

造价咨询人:_____

(单位盖章)

年　　月　　日

7.2.2　扉页

(1)招标工程量清单扉页(表7-6)。

填制说明:

1)招标人自行编制工程量清单时,由招标人单位注册的造价人员编制,招标人盖单位公章,法定代表人或其授权人签字或盖章。编制人是造价工程师的,由其签字盖执业专用章;编制人是造价员的,在编制人栏签字盖专用章,应由造价工程师复核,并在复核人栏签字盖执业专用章。

2)招标人委托工程造价咨询人编制工程量清单时,由工程造价咨询人单位注册的造价人员编制,工程造价咨询人盖单位资质专用章,法定代表人或其授权人签字或盖章。编制人是造价工程师的,由其签字盖执业专用章;编制人是造价员的,在编制人栏签字盖专用章,应由造价工程师复核,并在复核人栏签字盖执业专用章。

表7-6　招标工程量清单扉页

```
_____工程

           招 标 工 程 量 清 单

招 标 人:_____    造价咨询人:_____
         (单位盖章)                    (单位资质专用章)

法定代表人                    法定代表人
或其授权人:_____    或其授权人:_____
         (签字或盖章)                  (签字或盖章)

编 制 人:_____    复 核 人:_____
      (造价人员签字盖专用章)        (造价工程师签字盖专用章)

编制时间:    年 月 日      复核时间:    年 月 日
```

（2）招标控制价扉页（表7-7）。

填制说明：

1）招标人自行编制招标控制价时，由招标人单位注册的造价人员编制，招标人盖单位公章，法定代表人或其授权人签字或盖章。编制人是造价工程师的，由其签字盖执业专用章；编制人是造价员的，由其在编制人栏签字盖专用章，应由造价工程师复核，并在复核人栏签字盖执业专用章。

2）招标人委托工程造价咨询人编制招标控制价时，由工程造价咨询人单位注册的造价人员编制，工程造价咨询人盖单位资质专用章，法定代表人或其授权人签字或盖章。编制人是造价工程师的，由其签字盖执业专用章；编制人是造价员的，在编制人栏签字盖专用章，应由造价工程师复核。并在复核人栏签字盖执业专用章。

（3）投标总价扉页（表7-8）。

填制说明：投标人编制投标报价时，由投标人单位注册的造价人员编制，投标人盖单位公章，法定代表人或其授权人签字或盖章，编制的造价人员（造价工程师或造价员）签字盖执业专用章。

表 7-7 招标控制价扉页

_____工程

招 标 控 制 价

招标控制价(小写)：_____
　　　　　 (大写)：_____

招 标 人：_____　　　造价咨询人：_____
　　　　　(单位盖章)　　　　　　　　　　　 (单位资质专用章)

法定代表人　　　　　　　　　　　 法定代表人
或其授权人：_____　　　或其授权人：_____
　　　　　(签字或盖章)　　　　　　　　　　　 (签字或盖章)

编 制 人：_____　　　复 核 人：_____
　　 (造价人员签字盖专用章)　　　　　 (造价工程师签字盖专用章)

编制时间： 年 月 日　　　　　　　复核时间： 年 月 日

表 7-8 投标总价扉页

投 标 总 价

招 标 人：_____
工 程 名 称：_____
投标总价(小写)：_____
　　　　　 (大写)：_____

投 标 人：_____
　　　　　　　　　(单位盖章)

法定代表人
或其授权人：_____
　　　　　　　　　(签字或盖章)

编 制 人：_____
　　　　　　　　 (造价人员签字盖专用章)

编制时间： 年 月 日

(4)竣工结算总价扉页(表7-9)。

填制说明:

1)承包人自行编制竣工结算总价,由承包人单位注册的造价人员编制,承包人盖单位公章,法定代表人或其授权人签字或盖章,编制的造价人员(造价工程师或造价员)在编制人栏签字盖执业专用章。

发包人自行核对竣工结算时,由发包人单位注册的造价工程师核对,发包人盖单位公章,法定代表人或其授权人签字或盖章,造价工程师在核对人栏签字盖执业专用章。

2)发包人委托工程造价咨询人核对竣工结算时,由工程造价咨询人单位注册的造价工程师核对,发包人盖单位公章,法定代表人或其授权人签字或盖章;工程造价咨询人盖单位资质专用章,法定代表人或其授权人签字或盖章,造价工程师在核对人栏签字盖执业专用章。

除非出现发包人拒绝或不答复承包人竣工结算书的特殊情况,竣工结算办理完毕后,竣工结算总价封面发承包双方的签字、盖章应当齐全。

表7-9 竣工结算总价扉页

_____工程

竣 工 结 算 总 价

签约合同价(小写):_____ (大写):_____
竣工结算价(小写):_____ (大写):_____

发包人:_____ 承包人:_____ 造价咨询人:_____
　　　　(单位盖章)　　　　　(单位盖章)　　　　　(单位资质专用章)

法定代表人　　　　　法定代表人　　　　　法定代表人
或其授权人:_____ 或其授权人:_____ 或其授权人:_____
　　(签字或盖章)　　　　　(签字或盖章)　　　　　(签字或盖章)

编 制 人:_____ 核 对 人:_____
　　(造价人员签字盖专用章)　　　　(造价工程师签字盖专用章)

编制时间: 年 月 日　　　　核对时间: 年 月 日

（5）工程造价鉴定意见书扉页（表7-10）。

填制说明：工程造价咨询人应盖单位资质专用章，法定代表人或其授权人签字或盖章，造价工程师签字盖执业专用章。

表7-10　工程造价鉴定意见书扉页

<table>
<tr><td colspan="2" align="center">＿＿＿＿＿＿＿＿＿＿＿＿工程</td></tr>
<tr><td colspan="2" align="center">工 程 造 价 鉴 定 意 见 书</td></tr>
<tr><td colspan="2">鉴 定 结 论：</td></tr>
<tr><td>造价咨询人：</td><td></td></tr>
<tr><td></td><td align="center">（盖单位章及资质专用章）</td></tr>
<tr><td>法定代表人：</td><td></td></tr>
<tr><td></td><td align="center">（签字或盖章）</td></tr>
<tr><td>造价工程师：</td><td></td></tr>
<tr><td></td><td align="center">（签字盖专用章）</td></tr>
<tr><td colspan="2" align="center">年　　月　　日</td></tr>
</table>

7.2.3　总说明

总说明见表7-11。

填制说明：

（1）工程量清单总说明的内容应包括：工程概况，如建设地址、建设规模、工程特征、交通状况、环保要求等；工程发包、分包范围；工程量清单编制依据，如采用的标准、施工图纸、标准图集等；使用材料设备、施工的特殊要求等；其他需要说明的问题。

（2）招标控制价总说明的内容应包括：采用的计价依据；采用的施工组织设计；采用的材料价格来源；综合单价中风险因素、风险范围（幅度）；其他。

（3）投标报价总说明的内容应包括：采用的计价依据；采用的施工组织设计；综合单价中风险因素、风险范围（幅度）；措施项目的依据；其他有关内容的说明等。

（4）竣工结算总说明的内容应包括：工程概况；编制依据；工程变更；工程价款调整；索赔；其他等。

表7-11 总说明

工程名称：	第 页共 页

7.2.4 工程计价汇总表

（1）招标控制价/投标报价汇总表见表7-12、表7-13、表7-14。

填制说明：

1）由于编制招标控制价和投标控制价包含的内容相同，只是对价格的处理不同，因此，招标控制价和投标报价汇总表使用同一表格。实践中，招标控制价或投标报价可分别印制该表格。

2）投标报价汇总表与招标控制价的表样一致。此处需要说明的是，投标报价汇总表与投标函中投标报价金额应当一致。就投标文件的各个组成部分而言，投标函是最重要的文件，其他组成部分都是投标函的支持性文件，投标函必须经过投标人签字盖章，并且在开标会上必须当众宣读的文件。如果投标报价汇总表的投标总价与投标函填报的投标总价不一致，应当以投标函中填写的大写金额为准。实践中，对该原则一直缺少一个明确的依据，为了避免出现争议，可以在"投标人须知"中给予明确，用在招标文件中预先给予明示约定的方式来弥补法律法规依据的不足。

表7-12 建设项目招标控制价/投标报价汇总表

工程名称：

序号	单项工程名称	金额(元)	其中:(元)		
			暂估价	安全文明施工费	规费
合　　计					

注:本表适用于建设项目招标控制价或投标报价的汇总。

表7-13 单项工程招标控制价/投标报价汇总表

工程名称：

序号	单位工程名称	金额(元)	其中:(元)		
			暂估价	安全文明施工费	规费
合　　计					

注:本表适用于单位工程招标控制价或投标报价的汇总。暂估价包括分部分项工程中的暂估价和专业工程暂估价。

表7-14 单位工程招标控制价/投标报价汇总表

工程名称：　　　　　　　标段：

序号	汇总内容	金额(元)	其中:暂估价(元)
1	分部分项工程		
1.1			
1.2			
1.3			
1.4			

序号	汇总内容	金额(元)	其中:暂估价(元)
1.5			
2	措施项目		—
2.1	其中:安全文明施工费		—
3	其他项目		—
3.1	其中:暂列金额		—
3.2	其中:专业工程暂估价		—
3.3	其中:计日工		—
3.4	其中:总承包服务费		—
4	规费		—
5	税金		—
招标控制价/投标报价合计 = 1 + 2 + 3 + 4 + 5			

注:本表适用于单位工程招标控制价或投标报价的汇总,单项工程也使用本表汇总。

（2）竣工结算使用的汇总表见表 7-15、表 7-16、表 7-17。

表 7-15　建设项目竣工结算汇总表

工程名称:　　　　　　　　　　　　　　　　　　　　　第　页　共　页

序号	单项工程名称	金额(元)	其中:(元)	
			安全文明施工费	规费
	合　计			

表7-16 单项工程竣工结算汇总表

工程名称： 　　　　　　　　　　　　　　　　　　　第 页 共 页

序号	单位工程名称	金额(元)	其中：(元)	
			安全文明施工费	规费
	合　计			

表7-17 单位工程竣工结算汇总表

工程名称： 　　　　　　　标段： 　　　　　　　　第 页 共 页

序号	汇总内容	金额(元)
1	分部分项工程	
1.1		
1.2		
1.3		
1.4		
1.5		
2	措施项目	
2.1	其中：安全文明施工费	
3	其他项目	
3.1	其中：专业工程结算价	
3.2	其中：计日工	
3.3	其中：总承包服务费	
3.4	其中：索赔与现场签证	

序号	汇总内容	金额(元)
4	规费	
5	税金	
竣工结算总价合计 = 1 + 2 + 3 + 4 + 5		

注：如无单位工程划分，单项工程也使用本表汇总。

7.2.5 分部分项工程和单价措施项目计价表

（1）分部分项工程和单价措施项目清单与计价表（表7-18）。

填制说明：

① 编制工程量清单时，"工程名称"栏应填写具体的工程称谓。"项目编码"栏应按相关工程国家计量规范项目编码栏内规定的9位数字另加3位顺序码填写。"项目名称"栏应按相关工程国家计量规范根据拟建工程实际确定填写。"项目特征描述"栏应按相关工程国家计量规范根据拟建工程实际予以描述。"计量单位"应按相关工程国家计量规范的规定填写，如有两个或两个以上计量单位的，应按照适宜计量的方式选择其中一个填写。"工程量"应按相关工程国家计量规范规定的工程量计算规则计算填写。

② 编制招标控制价时，其项目编码、项目名称、项目特征、计量单位、工程量栏不变，对"综合单价"、"合价"以及"其中：暂估价"按相关规定填写。

③ 编制投标报价时，招标人对表中的"项目编码"、"项目名称"、"项目特征"、"计量单位"、"工程量"均不应做改动。"综合单价"、"合价"自主决定填写，对其中的"暂估价"栏，投标人应将招标文件中提供了暂估材料单价的暂估价进入综合单价，并应计算出暂估单价的材料在"综合单价"及其"合价"中的具体数额，因此，为更详细反映暂估价情况，也可在表中增设一栏"综合单价"其中的"暂估价"。

④ 编制竣工结算时，可取消"暂估价"。

表 7-18 分部分项工程和单价措施项目清单与计价表

工程名称：　　　　　　　　标段：　　　　　　　　　　第　页　共　页

序号	项目编码	项目名称	项目特征描述	计量单位	工程量	金　额(元)		
						综合单价	合价	其中
								暂估价
			本页小计					
			合　计					

注：为计取规费等的使用，可在表中增设："定额人工费"。

(2)综合单价分析表(表7-19)。

填制说明：工程量清单综合单价分析表是评标委员会评审和判别综合单价组成及其价格完整性、合理性的主要基础，对因工程变更、工程量偏差等原因调整综合单价也是必不可少的基础价格数据来源。采用经评审的最低投标价法评标时，该分析表的重要性更加突出。

综合单价分析表集中反映了构成每一个清单项目综合单价的各个价格要素的价格及主要的"工、料、机"消耗量。投标人在投标报价时，需要对每一个清单项目进行组价，为了使组价工作具有可追溯性(回复评标质疑时尤其需要)，需要表明每一个数据的来源。该分析表实际上是投标人投标组价工作的一个阶段性成果文件，借助于计算机辅助报价系统，可以由电脑自动生成，并不需要投标人付出太多额外劳动。

综合单价分析表一般随投标文件一同提交，作为已标价工程量清单的组成部分，以便中标后，作为合同文件的附属文件。投标人须知中需要就该分析表提交的方式作出规定，该规定需要考虑是否有必要对该分析表的合同地位给予定义。一般而言，该分析表所载明的价格数据对投标人是有约束力的,但是投标人能否以此作为投标报价中的错报和漏报等的依据而寻求招标人的补偿是实践中值得注意的问题。比较恰当的做法似乎应当是,通过评标过程中的清标、质疑、澄清、说明和补正机制,不但解决工程量清单综合单价的合理性问题,而且将合理化的综合单价反馈到综合单价分析表中,形成相互衔接、相互呼应的最终成果,在这种情况下,即便是将综合单价分析表定义为有合同约束力的文件,上述顾虑也就没有必要了。

编制综合单价分析表对辅助性材料不必细列,可归并到其他材料费中以金额表示。

表 7-19　综合单价分析表

工程名称：　　　　　　　　　标段：　　　　　　　　　第　页 共　页

项目编码		项目名称		计量单位		工程量	

清单综合单价组成明细

定额编号	定额项目名称	定额单位	数量	单　价				合　价			
				人工费	材料费	机械费	管理费和利润	人工费	材料费	机械费	管理费和利润
人工单价				小计							
元/工日				未计价材料费							
清单项目综合单价											

材料费明细	主要材料名称、规格、型号	单位	数量	单价（元）	合价（元）	暂估单价(元)	暂估合价(元)
	其他材料费			—		—	
	材料费小计			—		—	

注:1. 如不使用省级或建设行业主管部门发布的计价依据,可不填定额编号、名称等。
　2. 招标文件提供了暂估单价的材料,按暂估的单价填入表内"暂估单价"栏及"暂估合价"栏。

（3）综合单价调整表（表7-20）。

填制说明：综合单价调整表用于由于各种合同约定调整因素出现时调整综合单价，此表实际上是一个汇总性质的表，各种调整依据应附表后，并且注意，项目编码、项目名称必须与已标价工程量清单保持一致，不得发生错漏，以免发生争议。

表7-20 综合单价调整表

工程名称：　　　　　　　　　　标段：　　　　　　　　第 页共 页

序号	项目编码	项目名称	已标价清单综合单价(元)					调整后综合单价(元)				
			综合单价	其中				综合单价	其中			
				人工费	材料费	机械费	管理费和利润		人工费	材料费	机械费	管理费和利润

造价工程师(签章)：　发包人代表(签章)：　　造价人员(签章)：　发包人代表(签章)：

日期：　　　　　　　　　　　　　日期：

注：综合单价调整应附调整依据。

（4）总价措施项目清单与计价表（表7-21）。

填制说明：

1）编制工程量清单时，表中的项目可根据工程实际情况进行增减。

2）编制招标控制价时，计费基础、费率应按省级或行业建设主管部门的规定记取。

3）编制投标报价时，除"安全文明施工费"必须按《建设工程工程量清单计价规范》（GB 50500—2013）的强制性规定，按省级或行业建设主管部门的规定记取外，其他措施项目均可根据投标施工组织设计自主报价。

4）编制工程结算时，如省级或行业建设主管部门调整了安全文明施工费，应按调整后的标准计算此费用，其他总价措施项目经发承包双方协商进行调整的,按调整后的标准计算。

表7-21　总价措施项目清单与计价表

工程名称:　　　　　　　　　标段:　　　　　　　　　第　页共　页

序号	项目编码	项目名称	计算基础	费率(%)	金额(元)	调整费率(%)	调整后金额(元)	备注
		安全文明施工费						
		夜间施工增加费						
		二次搬运费						
		冬雨季施工增加费						
		已完工程及设备保护费						
	合　计							

编制人(造价人员):　　　　　　　　复核人(造价工程师):

注:1."计算基础"中安全文明施工费可为"定额基价"、"定额人工费"或"定额人工费+定额机械费",其他项目可为"定额人工费"或"定额人工费+定额机械费"。

2.按施工方案计算的措施费,若无"计算基础"和"费率"的数值,也可只填"金额"数值,但应在备注栏说明施工方案出处或计算方法。

7.2.6　其他项目计价表

(1)其他项目清单与计价汇总表(表7-22)。

填制说明:使用本表时,由于计价阶段的差异,应注意:

1)编制招标工程量清单时,应汇总"暂列金额"和"专业工程暂估价",以提供给投标报价使用。

2)编制招标控制价时,应按有关计价规定估算"计日工"和"总承包服务费"。如招标工程量清单中未列"暂列金额",应按有关规定编列。

3）编制投标报价时,应按招标工程量清单提供的"暂估金额"和"专业工程暂估价"填写金额,不得变动。"计日工"、"总承包服务费"自主确定报价。

4）编制或核对工程结算,"专业工程暂估价"按实际分包结算价填写,"计日工"、"总承包服务费"按双方认可的费用填写,如发生"索赔"或"现场签证"费用,按双方认可的金额计入该表。

表7-22　其他项目清单与计价汇总表

工程名称:　　　　　　　　　　标段:　　　　　　　　　　第　页共　页

序号	项目名称	金额(元)	结算金额(元)	备注
1	暂列金额			明细详见表7-23
2	暂估价			
2.1	材料(工程设备)暂估价/调整表	—	—	明细详见表7-24
2.2	专业工程暂估价/结算价			明细详见表7-25
3	计日工			明细详见表7-26
4	总承包服务费			明细详见表7-27
5	索赔与现场签证	—		明细详见表7-28
	合　计			—

注:材料(工程设备)暂估价进入清单项目综合单价,此处不汇总。

（2）暂列金额明细表（表7-23）。

填制说明:暂列金额在实际履约过程中可能发生,也可能不发生。本表要求招标人能将暂列金额与拟用项目列出明细,但如确实不能详列也可只列暂定金额总额,投标人应将上述暂列金额计入投标总价中。

虽然暂列金额包含在投标总价中（所以也将包含在合同总价

中),但并不属于承包人所有的支配,是否属于承包人所有则受合同约定的开支程序的制约。

表 7-23　暂列金额明细表

工程名称:　　　　　　标段:　　　　　　　　第　页共　页

序号	项目名称	计量单位	暂定金额(元)	备注
1				
2				
3				
4				
5				
6				
合　　计				—

注:此表由招标人填写,如不能详列,也可只列暂定金额总额,投标人应将上述暂列金额计入投标总价中。

(3)材料(工程设备)暂估单价及调整表(表7-24)。

填制说明:暂估价是在招标阶段预见肯定要发生,只是因为标准不明确或者需要由专业承包人完成,暂时无法确定材料、工程设备的具体价格而采用的一种临时性计价方式。暂估价的材料、工程设备数量应在表内填写,拟用项目应在本表备注栏给予补充说明。

要求招标人针对每一类暂估价给出相应的拟用项目,即按照材料、工程设备的名称分别给出,这样的材料、工程设备暂估价能够纳入到清单项目的综合单价中。

还有一种是给一个原则性的说明,原则性说明对招标人编制工程量清单而言比较简单,能降低招标人出错的概率。但是,对投标人而言,则很难准确把握招标人的意图和目的,很难保证投标报价的质量,轻则影响合同的可执行力,极端的情况下,可能导致招标失败,最终受损失的也包括招标人自己,因此,这种处理方式是不可取的方式。

一般而言,招标工程量清单中列明的材料、工程设备的暂估价仅指此类材料、工程设备本身运至施工现场内工地地面价。不包括这些材料、工程设备的安装以及安装所必需的辅助材料以及发生在现场内的验收、存储、保管、开箱、二次搬运、从存放地点运至安装地点以及其他任何必要的辅助工作(以下简称"暂估价项目的安装及辅助工作")所发生的费用。暂估价项目的安装及辅助工作所发生的费用应该包括在投标报价中的相应清单项目的综合单价中并且固定包死。

表 7-24　材料(工程设备)暂估价及调整表

工程名称:　　　　　　　　　标段:　　　　　　　　　　第　页共　页

序号	材料(工程设备)名称、规格、型号	计量单位	数量		暂估(元)		确认(元)		差额±(元)		备注
			暂估	确认	单价	合价	单价	合价	单价	合价	
合　计											

注:此表由招标人填写"暂估单价",并在备注栏说明暂估价的材料、工程设备拟用在哪些清单项目上,投标人应将上述材料暂估单价计入工程量清单综合单价报价中。

(4)专业工程暂估价及结算价表(表7-25)。

填制说明:专业工程暂估价应在表内填写工程名称、工程内容、暂估金额,投标人应将上述金额计入投标总价中。

专业工程暂估价项目及其表中列明的专业工程暂估价,是指分包人实施专业工程的含税后的完整价(即包含了该专业工程中所有供应、安装、完工、调试、修复缺陷等全部工作),除了合同约定的发包人应承担的总包管理、协调、配合和服务责任所对应的总承包服务费用以外,承包人为履行其总包管理、配合、协调和服务等所需发生的费用应该包括在投标报价中。

表7-25 专业工程暂估价及结算价表

工程名称：　　　　　　　　　标段：　　　　　　　　第　页共　页

序号	工程名称	工程内容	暂估金额（元）	结算金额（元）	差额±（元）	备注
合　计						

注：此表"暂估金额"由招标人填写，投标人应将"暂估金额"计入投标总价中，结算时
　　按合同约定结算金额填写。

（5）计日工表（表7-26）。

填制说明：

1）编制工程量清单时，"项目名称"、"计量单位"、"暂估数量"
由招标人填写。

2）编制招标控制价时，人工、材料、机械台班单价由招标人按有
关计价规定填写并计算合价。

3）编制投标报价时，人工、材料、机械台班单价由招标人自主确
定，按已给暂估数量计算合价计入投标总价中。

4）编制结算总价时，实际数量按发承包双方确认的填写。

表7-26 计日工表

工程名称：　　　　　　　　　标段：　　　　　　　　第　页共　页

编号	项目名称	计量单位	暂定数量	实际数量	综合单价（元）	合价（元）	
						暂定	实际
一	人工						
1							
2							
人工小计							

编号	项目名称	计量单位	暂定数量	实际数量	综合单价（元）	合价(元)	
						暂定	实际
二	材料						
1							
2							
材料小计							
三	施工机械						
1							
2							
施工机械小计							
四、企业管理费和利润							
总 计							

注:此表项目名称、暂定数量由招标人填写,编制招标控制价时,单价由招标人按有关
计价规定确定;投标时,单价由投标人自主报价,按暂定数量计算合价计入投标总
价中。结算时,按发承包双方确认的实际数量计算合价。

(6)总承包服务费计价表(表 7-27)。

填制说明:

1)编制招标工程量清单时,招标人应将拟定进行专业发包的专业工程,自行采购的材料设备等决定清楚,填写项目名称、服务内容,以便投标人决定报价。

2)编制招标控制价时,招标人按有关计价规定计价。

3)编制投标报价时,由投标人根据工程量清单中的总承包服务内容,自主决定报价。

4)办理工程结算时,发承包双方应按承包人已标价工程量清单中的报价计算,如发承包双方确定调整的,按调整后的金额计算。

表 7-27　总承包服务费计价表

工程名称：　　　　　　　　　　标段：　　　　　　　　　第　页共　页

序号	项目名称	项目价值(元)	服务内容	计算基础	费率(%)	金额(元)
1	发包人发包专业工程					
2	发包人供应材料					
	合　计	—			—	

注：此表项目名称、服务内容由招标人填写，编制招标控制价时，费率及金额由招标人
　　按有关计价规定确定。投标时，费率及金额由投标人自主报价，计入投标总价中。

（7）索赔与现场签证计价汇总表（表 7-28）。

填制说明：本表是对发承包双方签证认可的"费用索赔申请（核
准）表"和"现场签证表"的汇总。

表 7-28　索赔与现场签证计价汇总表

工程名称：　　　　　　　　　　标段：　　　　　　　　　第　页共　页

序号	签证及索赔项目名称	计量单位	数量	单价(元)	合价(元)	索赔及签证依据
—	本页小计	—	—	—		
—	合　计	—	—	—		

注：签证及索赔依据是指经双方认可的签证单和索赔依据的编号。

（8）费用索赔申请（核准）表（表 7-29）。

填制说明：本表将费用索赔申请与核准设置于一个表，非常直
观。使用本表时，承包人代表应按合同条款的约定阐述原因，附上索
赔证据、费用计算报发包人，经监理工程师复核（按照发包人的授权

不论是监理工程师或发包人现场代表均可),经造价工程师(此处造价工程师可以是承包人现场管理人员,也可以是发包人委托的工程造价咨询企业的人员)复核具体费用,经发包人审核后生效,该表以在选择栏中"□"内做标识"√"表示。

表7-29　费用索赔申请(核准)表

工程名称:　　　　　　　　　　标段:　　　　　　　　　编号:

致:　　　　　　　　　　　　　　　　　　　　　　　　　　(发包人全称)
根据施工合同条款第_____条的约定,由于_____原因,我方要求索赔金额(大写)_____(小写_____),请予核准。 附:1. 费用索赔的详细理由和依据: 　　2. 索赔金额的计算: 　　3. 证明材料: 　　　　　　　　　　　　　　　　　　　　　　　　承包人(章) 　　造价人员_____承包人代表_____　日　期_____

复核意见: 　　根据施工合同条款第_____条的约定,你方提出的费用索赔申请经复核: 　□不同意此项索赔,具体意见见附件。 　□同意此项索赔,索赔金额的计算,由造价工程师复核。 　　　　监理工程师_____ 　　　　日　期_____	复核意见: 　　根据施工合同条款第_____条的约定,你方提出的费用索赔申请经复核,索赔金额为(大写)_____(小写_____)。 　　　　造价工程师_____ 　　　　日　期_____

审核意见: 　□不同意此项索赔。 　□同意此项索赔,与本期进度款同期支付。 　　　　　　　　　　　　　　　　发包人(章) 　　　　　　　　　　　　　　　　发包人代表_____ 　　　　　　　　　　　　　　　　日　期_____

注:1. 在选择栏中的"□"内做标识"√"。
　2. 本表一式四份,由承包人填报,发包人、监理人、造价咨询人、承包人各存一份。

（9）现场签证表（表7-30）。

填制说明：现场签证种类繁多，发承包双方在工程实施过程中来往信函就责任事件的证明均可称为现场签证，但并不是所有的签证均可马上算出价款，有的需要经过索赔程序，这时的签证仅是索赔的依据，有的签证可能根本不涉及价款。本表仅是针对现场签证需要价款结算支付的一种，其他内容的签证也可适用。考虑到招标时招标人对计日工项目的预估难免会有遗漏，造成实际施工发生后无相应的计日工单价，现场签证只能包括单价一并处理，因此，在汇总时，有计日工单价的，可归并于计日工，如无计日工单价的，归并于现场签证，以示区别。当然，现场签证全部汇总于计日工也是一种可行的处理方式。

表7-30　现场签证表

工程名称：　　　　　　　　　标段：　　　　　　　　编号：

施工单位		日期	

致：_____（发包人全称）

　　根据_____（指令人姓名）　年　月　日的口头指令或你方_____（或监理人）_____年___月___日的书面通知，我方要求完成此项工作应支付价款金额为（大写）_____（小写_____），请予核准。

附：1. 签证事由及原因：
　　2. 附图及计算式：

<table>
<tr><td colspan="2" align="right">承包人（章）</td></tr>
<tr><td>造价人员_____</td><td>承包人代表_____　日　期_____</td></tr>
</table>

复核意见： 　　你方提出的此项签证申请经复核： 　　□不同意此项签证，具体意见见附件。 　　□同意此项签证，签证金额的计算，由造价工程师复核。	复核意见： 　　□此项签证按承包人中标的计日工单价计算，金额为（大写）_____元，（小写）_____元。 　　□此项签证因无计日工单价，金额为（大写）_____元，（小写）_____。
监理工程师_____ 　　　日　　期_____	造价工程师_____ 　　　日　　期_____

审核意见：
　　□不同意此项签证。
　　□同意此项签证,价款与本期进度款同期支付。

承包人(章)

承包人代表_____

日　　期_____

注:1. 在选择栏中的"□"内做标识"√"。
　　2. 本表一式四份,由承包人在收到发包人(监理人)的口头或书面通知后填写,发包人、监理人、造价咨询人、承包人各存一份。

7.2.7　规费、税金项目计价表

规费、税金项目计价表见表7-31。

填制说明:在施工实践中,有的规费项目,如工程排污费,并非每个工程所在地都要征收,实践中可作为按实计算的费用处理。

表7-31　规费、税金项目计价表

工程名称:　　　　　　　　标段:　　　　　　　　第　页共　页

序号	项目名称	计算基础	计算基数	计算费率(%)	金额(元)
1	规费				
1.1	社会保险费				
(1)	养老保险费	定额人工费			
(2)	失业保险费	定额人工费			
(3)	医疗保险费	定额人工费			
(4)	工伤保险费	定额人工费			
(5)	生育保险费	定额人工费			
1.2	住房公积金	定额人工费			

序号	项目名称	计算基础	计算基数	计算费率(%)	金额(元)
1.3	工程排污费	按工程所在地环境保护部门收取标准,按实计入			
2	税金	分部分项工程费+措施项目费+其他项目费+规费－按规定不计税的工程设备金额			
合 计					

编制人(造价人员):　　　　　　　　复核人(造价工程师):

7.2.8　工程计量申请(核准)表

工程计量申请(核准)表见表7-32。

填制说明:本表填写的"项目编码"、"项目名称"、"计量单位"应与已标价工程量清单表中的一致,承包人应在合同约定的计量周期结束时,将申报数量填写在申报数量栏,发包人核对后如与承包人不一致,填在核实数量栏,经发承包双方共同核对确认的计量填在确认数量栏。

表 7-32　工程计量申请(核准)表

工程名称:　　　　　　　标段:　　　　　　　第　页共　页

序号	项目编码	项目名称	计量单位	承包人申报数量	发包人核实数量	发承包人确认数量	备注

序号	项目编码	项目名称	计量单位	承包人申报数量	发包人核实数量	发承包人确认数量	备注

承包人代表:	监理工程师:	造价工程师:	发包人代表:
日　期:	日　期:	日　期:	日　期:

7.2.9　合同价款支付申请(核准)表

(1)预付款支付申请(核准)表(表7-33)。

(2)总价项目进度款支付分解表(表7-34)。

表7-33　预付款支付申请(核准)表

工程名称:　　　　　　　　　　标段:　　　　　　　　　　编号:

致:　　　　　　　　　　　　　　　　　　　　　　(发包人全称)

我方根据施工合同的约定,先申请支付工程预付款额为(大写)＿＿＿＿＿(小写＿＿＿＿＿),请予核准。

序号	名称	申请金额(元)	复核金额(元)	备注
1	已签约合同价款金额			
2	其中:安全文明施工费			
3	应支付的预付款			
4	应支付的安全文明施工费			
5	合计应支付的预付款			

承包人(章)

造价人员＿＿＿＿＿＿＿＿＿＿承包人代表＿＿＿＿＿＿日　期＿＿＿＿＿＿

复核意见: 　　□与合同约定不相符,修改意见见附件。 　　□与合约约定相符,具体金额由造价工程师复核。 　　　　　　　监理工程师＿＿＿＿＿＿ 　　　　　　　　日　期＿＿＿＿＿＿	复核意见: 　　你方提出的支付申请经复核,应支付预付款金额为(大写)＿＿＿＿＿(小写＿＿＿＿)。 　　　　　　　造价工程师＿＿＿＿＿＿ 　　　　　　　　日　期＿＿＿＿＿＿

右上角 续表

审核意见：
  □不同意。
  □同意,支付时间为本表签发后的15d内。

发包人(章)
发包人代表＿＿＿＿＿＿＿
日　　期＿＿＿＿＿＿＿

注:1.在选择栏中的"□"内做标识"√"。
　　2.本表一式四份,由承包人填报,发包人、监理人、造价咨询人、承包人各存一份。

表7-34　总价项目进度款支付分解表

工程名称：　　　　　　　　标段：　　　　　　　　单位:元

序号	项目名称	总价金额	首次支付	二次支付	三次支付	四次支付	五次支付	
	安全文明施工费							
	夜间施工增加费							
	二次搬运费							
	社会保险费							
	住房公积金							
合　计								

编制人(造价人员)：　　　　　　　　复核人(造价工程师)：

注:1.本表应由承包人在投标报价时根据发包人在招标文件明确的进度款支付周期与报价填写,签订合同时,发承包双方可就支付分解协商调整后作为合同附件。
　　2.单价合同使用本表,"支付"栏时间应与单价项目进度款支付周期相同。
　　3.总价合同使用本表,"支付"栏时间应与约定的工程计量周期相同。

(3)进度款支付申请(核准)表(表7-35)。

表7-35 进度款支付申请(核准)表

工程名称： 标段： 编号：

致： (发包人全称)

我方于＿＿＿＿＿至＿＿＿＿＿期间已完成了＿＿＿＿＿＿＿工作，根据施工合同的约定，现申请支付本期的工程款额为(大写)＿＿＿＿＿＿＿(小写＿＿＿＿)，请予核准。

序号	名称	实际金额(元)	申请金额(元)	复核金额(元)	备注
1	累计已完成的合同价款				
2	累计已实际支付的合同价款				
3	本周期合计完成的合同价款				
3.1	本周期已完成单价项目的金额				
3.2	本周期应支付的总价项目的金额				
3.3	本周期已完成的计日工价款				
3.4	本周期应支付的安全文明施工费				
3.5	本周期应增加的合同价款				
4	本周期合计应扣减的金额				
4.1	本周期应抵扣的预付款				
4.2	本周期应扣减的金额				
5	本周期应支付的合同价款				

附：上述3、4详见附件清单。

承包人(章)

造价人员＿＿＿＿＿＿＿＿＿＿承包人代表＿＿＿＿＿＿＿ 日 期＿＿＿＿＿＿

复核意见： 　□与实际施工情况不相符，修改意见见附件。 　□与实际施工情况相符，具体金额由造价工程师复核。 　　　监理工程师＿＿＿＿＿＿ 　　　日 期＿＿＿＿＿＿	复核意见： 　你方提出的支付申请经复核，本期间已完成工程款额为(大写)＿＿＿＿＿(小写＿＿＿＿)，本期间应支付金额为(大写)＿＿＿＿＿(小写＿＿＿＿)。 　　　造价工程师＿＿＿＿＿＿ 　　　日 期＿＿＿＿＿＿

审核意见：

□不同意。

□同意，支付时间为本表签发后的15d内。

发包人(章)

发包人代表＿＿＿＿＿＿＿＿＿＿

日 期＿＿＿＿＿＿＿＿

注:1. 在选择栏中的"□"内做标识"√"。

2. 本表一式四份,由承包人填报,发包人、监理人、造价咨询人、承包人各存一份。

（4）竣工结算款支付申请（核准）表（表7-36）。

表7-36　竣工结算款支付申请（核准）表

工程名称：　　　　　　　　　　标段：　　　　　　　　　　编号：

致：_____（发包人全称）

　　我方于＿＿＿＿＿至＿＿＿＿＿期间已完成合同约定的工作，工程已经完工，根据施工合同的约定，现申请支付竣工结算合同款额为（大写）＿＿＿＿＿＿＿＿＿（小写＿＿＿＿＿＿＿＿），请予核准。

序号	名称	申请金额（元）	复核金额（元）	备注
1	竣工结算合同价款总额			
2	累计已实际支付的合同价款			
3	应预留的质量保证金			
4	应支付的竣工结算款金额			

承包人（章）

造价人员_____承包人代表_____日　期_____

复核意见： 　□与合同约定不相符，修改意见见附件。 　□与合约约定相符，具体金额由造价工程师复核。 　　监理工程师_____ 　　日　期_____	复核意见： 　　你方提出的竣工结算款支付申请经复核，竣工结算款总额为（大写）_____ （小写）_____，扣除前期支付以及质量保证金后应支付金额为（大写）_____（小写_____）。 　　造价工程师_____ 　　日　期_____

审核意见：
　□不同意。
　□同意，支付时间为本表签发后的15天内。

发包人（章）
发包人代表_____
日　期_____

注：1. 在选择栏中的"□"内做标识"√"。
　　2. 本表一式四份，由承包人填报，发包人、监理人、造价咨询人、承包人各存一份。

（5）最终结清支付申请（核准）表（表7-37）。

表7-37 最终结清支付申请（核准）表

工程名称：　　　　　　　　标段：　　　　　　　　编号：

致：_____（发包人全称）
　　我方于_____至_____期间已完成了缺陷修复工作，根据施工合同的约定，现申请支付最终结清合同款额为（大写）_____（小写）_____，请予核准。

序号	名称	申请金额（元）	复核金额（元）	备注
1	已预留的质量保证金			
2	应增加因发包人原因造成缺陷的修复金额			
3	应扣减承包人不修复缺陷、发包人组织修复的金额			
4	最终应支付的合同价款			

　　　　　　　　　　　　　　　　　　　　　　　　承包人（章）
造价人员_____承包人代表_____日　期_____

复核意见： 　　□与合同约定不相符，修改意见见附件。 　　□与合约约定相符，具体金额由造价工程师复核。 　　　　监理工程师_____ 　　　　日　期_____	复核意见： 　　你方提出的支付申请经复核，最终应支付金额为（大写）_____（小写）_____。 　　　　造价工程师_____ 　　　　日　期_____

审核意见：
　　□不同意。
　　□同意，支付时间为本表签发后的15天内。

　　　　　　　　　　　　　　　　　发包人（章）
　　　　　　　　　　　　　　　　　发包人代表_____
　　　　　　　　　　　　　　　　　日　期_____

注：1. 在选择栏中的"□"内做标识"√"。
　　2. 本表一式四份，由承包人填报，发包人、监理人、造价咨询人、承包人各存一份。

7.2.10 主要材料、工程设备一览表

(1)发包人提供材料和工程设备一览表(表7-38)。

表7-38 发包人提供材料和工程设备一览表

工程名称：　　　　　　　　　　标段：　　　　　　　　　第　页共　页

序号	材料(工程设备)名称、规格、型号	单位	数量	单价(元)	交货方式	送达地点	备注

注:此表由招标人填写,供投标人在投标报价、确定总承包服务费时参考。

(2)承包人提供主要材料和工程设备一览表(适用于造价信息差额调整法)见表7-39。

填制说明:本表"风险系数"应由发包人在招标文件中按照《建设工程工程量清单计价规范》(GB 50500—2013)的要求合理确定。本表将风险系数、基准单价、投标单价、发承包人确认单价在一个表内全部表示,可以大大减少发承包双方不必要的争议。

表7-39 承包人提供主要材料和工程设备一览表
(适用于造价信息差额调整法)

工程名称：　　　　　　　　　　标段：　　　　　　　　　第　页共　页

序号	名称、规格、型号	单位	数量	风险系数(%)	基准单价(元)	投标单价(元)	发承包人确认单价(元)	备注

注:1.此表由招标人填写除"投标单价"栏的内容,投标人在投标时自主确定投标单价。

　2.投标人应优先采用工程造价管理机构发布的单价作为基准单价,未发布的,通过市场调查确定其基准单价。

(3)承包人提供主要材料和工程设备一览表(适用于价格指数差额调整法)见表7-40。

表7-40　承包人提供主要材料和工程设备一览表

(适用于价格指数差额调整法)

工程名称：　　　　　　　　　标段：　　　　　　　　　第　页共　页

序号	名称、规格、型号	变值权重 B	基本价格指数 F_0	现行价格指数 F_t	备注
	定值权重 A		—	—	
合　计		1	—	—	

注：1. "名称、规格、型号"、"基本价格指数"栏由招标人填写，基本价格指数应首先采用工程造价管理机构发布的工价指数，没有时，可采用发布的价格代替。如人工、机械费也采用本法调整由招标人在"名称"栏填写。

2. "变值权重"栏由投标人根据该项人工、机械费和材料、工程设备价值在投标总报价中所占的比例填写，1 减去其比例为定值权重。

3. "现行价格指数"按约定的付款证书相关周期最后一天的前 42 天的各项价格指数填写，该指数应首先采用工程造价管理机构发布的价格指数，没有时，可采用发布的价格代替。

8 工程量清单工程量计算

8.1 土石方工程

8.1.1 土方工程

1. 平整场地(010101001)

平整场地工作内容:土方挖填,场地找平,运输。

平整场地工程量,按不同土壤类别,弃土运距,取土运距以建筑物首层建筑面积计算,计量单位:m^2。

2. 挖一般土方(010101002)

挖一般土方工作内容:排地表水,土方开挖,围护(挡土板)及拆除,基底钎探,运输。

挖一般土方工程量,按不同土壤类别,挖土深度,弃土运距以挖一般土方体积计算,计量单位:m^3。

3. 挖沟槽土方(010101003)

挖沟槽土方工作内容:排地表水,土方开挖,围护(挡土板)及拆除,基底钎探,运输。

挖沟槽土方工程量,按不同土壤类别,挖土深度,弃土运距以基础垫层底面积乘以挖土深度计算,计量单位:m^3。

4. 挖基坑土方(010101004)

挖基坑土方工作内容:排地表水,土方开挖,围护(挡土板)及拆除,基底钎探,运输。

挖基坑土方工程量,按不同土壤类别,挖土深度,弃土运距以基础垫层底面积乘以挖土深度计算,计量单位:m³。

5. 冻土开挖(010101005)

冻土开挖工作内容:爆破,开挖,清理,运输。

冻土开挖工程量,按不同冻土厚度,弃土运距以开挖面积乘以厚度以冻土开挖体积计算,计量单位:m³。

6. 挖淤泥、流砂(010101006)

挖淤泥、流砂工作内容:开挖,运输。

挖淤泥、流砂工程量,按不同挖掘深度,弃淤泥、流砂距离以挖淤泥、流砂体积计算,计量单位:m³。

7. 管沟土方(010101007)

管沟土方工作内容:排地表水,土方开挖,围护(挡土板)、支撑,运输,回填。

管沟土方工程量,按不同土壤类别,管外径,挖沟深度,回填要求以管道中心线长度或以管底垫层面积乘以挖土深度计算(无管底垫层按管外径的水平投影面积乘以挖土深度计算。不扣除各类井的长度,井的土方并入),计量单位:m、m³。

土方体积应按挖掘前的天然密实体积计算。非天然密实土方应按表8-1折算。

表8-1 土方体积折算系数表

天然密实度体积	虚方体积	夯实后体积	松填体积
0.77	1.00	0.67	0.83
1.00	1.30	0.87	1.08
1.15	1.50	1.00	1.25
0.92	1.20	0.80	1.00

注:1.虚方指未经碾压、堆积时间≤1年的土壤。

2.本表按《全国统一建筑工程预算工程量计算规则》(GJDGZ-101—1995)整理。

3.设计密实度超过规定的,填方体积按工程设计要求执行;无设计要求按各省、自治区、直辖市或行业建设行政主管部门规定的系数执行。

8.1.2 石方工程

1. 挖一般石方(010102001)

挖一般石方工作内容:排地表水,凿石,运输。

挖一般石方工程量,按不同岩石类别,开凿深度,弃碴运距以一般石方体积计算,计量单位:m³。

2. 挖沟槽石方(010102002)

挖沟槽石方工作内容:排地表水,凿石,运输。

挖沟槽石方工程量,按不同岩石类别,开凿深度,弃碴运距以挖石深度以沟槽石方体积计算,计量单位:m³。

3. 挖基坑石方(010102003)

挖基坑石方工作内容:排地表水,凿石,运输。

挖基坑石方工程量,按不同岩石类别,开凿深度,弃碴运距以基坑底面积乘以挖石深度以体积计算,计量单位:m³。

4. 挖管沟石方(010102004)

挖管沟石方工作内容:排地表水,凿石,回填,运输。

挖管沟石方工程量,按不同岩石类别,管外径,挖沟深度以管道中心线长度或以截面积乘以长度计算,计量单位:m、m³。

石方体积应按挖掘前的天然密实体积计算。非天然密实石方应按表8-2折算。

表8-2 石方体积折算系数表

石方类别	天然密实度体积	虚方体积	松填体积	码方
石方	1.0	1.54	1.31	—
块石	1.0	1.75	1.43	1.67
砂夹石	1.0	1.07	0.94	—

注:本表按《爆破工程消耗量定额》(GYD - 102—2008)整理。

8.1.3 回填

1. 回填方（010103001）

回填方工作内容：运输，回填，压实。

回填方工程量，按不同密实度要求，填方材料品种，填方粒径要求，填方来源、运距以回填方体积计算，计量单位：m³。

场地回填：回填面积乘平均回填厚度。

室内回填：主墙间面积乘回填厚度，不扣除间隔墙。

基础回填：按挖方清单项目工程量减去自然地坪以下埋设的基础体积（包括基础垫层及其他构筑物）。

2. 余方弃置（010103002）

余方弃置工作内容：余方点装料运输至弃置点。

余方弃置工程量，按不同废弃料品种，运距按挖方清单项目工程量减利用回填方体积（正数）计算，计量单位：m³。

8.2 地基处理与边坡支护工程

8.2.1 地基处理

1. 换填垫层（010201001）

换填垫层工作内容：分层铺填，碾压，振密或夯实，材料运输。

换填垫层工程量，按不同材料种类及配比，压实系数，掺加剂品种以换填垫层体积计算，计量单位：m³。

2. 铺设土工合成材料（010201002）

铺设土工合成材料工作内容：挖填锚固沟，铺设，固定，运输。

铺设土工合成材料工程量，按不同部位、品种、规格以铺设土工合成材料面积计算，计量单位：m²。

3.预压地基(010201003)

预压地基工作内容:设置排水竖井、盲沟、滤水管,铺设砂垫层、密封膜,堆载、卸载或抽气设备安拆、抽真空,材料运输。

预压地基工程量,按不同排水竖井种类、断面尺寸、排列方式、间距、深度,预压方法,预压荷载、时间,砂垫层厚度以预压地基面积计算,计量单位:m^2。

4.强夯地基(010201004)

强夯地基工作内容:铺设夯填材料,强夯,夯填材料运输。

强夯地基工程量,按不同夯击能量,夯击遍数,夯击点布置形式、间距,地耐力要求,夯填材料种类以强夯地基面积计算,计量单位:m^2。

5.振冲密实(不填料)(010201005)

振冲密实(不填料)工作内容:振冲加密,泥浆运输。

振冲密实(不填料)工程量,按不同地层情况,振密深度,孔距以面积计算,计量单位:m^2。

6.振冲桩(填料)(010201006)

振冲桩(填料)工作内容:振冲成孔、填料、振实,材料运输,泥浆运输。

振冲桩(填料)工程量,按不同地层情况,空桩长度、桩长、桩径,填充材料种类以桩长计算或以桩截面乘以桩长以体积计算,计量单位:m、m^3。

7.砂石桩(010201007)

砂石桩工作内容:成孔,填充、振实,材料运输。

砂石桩工程量,按不同地层情况,空桩长度、桩长、桩径,成孔方法,材料种类、级配以桩长(包括桩尖)计算或以桩截面乘以桩长(包括桩尖)以砂石桩体积计算,计量单位:m、m^3。

8.水泥粉煤灰碎石桩(010201008)

水泥粉煤灰碎石桩工作内容:成孔,混合料制作、灌注、养护,材料运输。

水泥粉煤灰碎石桩工程量,按不同地层情况,空桩长度,桩长,桩径,成孔方法,混合料强度等级以桩长(包括桩尖)计算,计量单位:m。

9. 深层搅拌桩(010201009)

深层搅拌桩工作内容:预搅下钻、水泥浆制作、喷浆搅拌提升成桩,材料运输。

深层搅拌桩工程量,按不同地层情况,空桩长度、桩长,桩截面尺寸,水泥强度等级、掺量以桩长计算,计量单位:m。

10. 粉喷桩(010201010)

粉喷桩工作内容:预搅下钻、喷粉搅拌提升成桩,材料运输。

粉喷桩工程量,按不同地层情况,空桩长度、桩长,桩径,粉体种类、掺量,水泥强度等级、石灰粉要求以粉喷桩桩长计算,计量单位:m。

11. 夯实水泥土桩(010201011)

夯实水泥土桩工作内容:成孔、夯底,水泥土拌合、填料、夯实,材料运输。

夯实水泥土桩工程量,按不同地层情况,空桩长度、桩长,桩径,成孔方法,水泥强度等级,混合料配比以桩长(包括桩尖)计算,计量单位:m。

12. 高压喷射注浆桩(010201012)

高压喷射注浆桩工作内容:成孔,水泥浆制作、高压喷射注浆,材料运输。

高压喷射注浆桩工程量,按不同地层情况,空桩长度,桩长,桩截面,注浆类型、方法,水泥强度等级以桩长计算,计量单位:m。

13. 石灰桩(010201013)

石灰桩工作内容:成孔,混合料制作、运输、夯填。

石灰桩工程量,按不同地层情况,空桩长度、桩长,桩径,成孔方法,掺合料种类、配合比以桩长(包括桩尖)计算,计量单位:m。

14. 灰土(土)挤密桩(010201014)

灰土(土)挤密桩工作内容:成孔,灰土拌合、运输、填充、夯实。

灰土(土)挤密桩工程量,按不同地层情况,空桩长度、桩长,桩径,成孔方法,灰土级配以桩长(包括桩尖)计算,计量单位:m。

15. 柱锤冲扩桩(010201015)

柱锤冲扩桩工作内容:安、拔套管,冲孔、填料、夯实,桩体材料制作、运输。

柱锤冲扩桩工程量,按不同地层情况,空桩长度、桩长、桩径,成孔方法、桩体材料种类、配合比以桩长计算,计量单位:m。

16. 注浆地基(010201016)

注浆地基工作内容:成孔,注浆导管制作、安装,浆液制作、压浆,材料运输。

注浆地基工程量,按不同地层情况,空钻深度、注浆深度,注浆间距,浆液种类及配比,注浆方法,水泥强度等级以钻孔深度计算或以注浆地基加固体积计算,计量单位:m、m^3。

17. 褥垫层(010201017)

褥垫层工作内容:材料拌合、运输、铺设、压实。

褥垫层工程量,按不同厚度,材料品种及比例以铺设面积计算或以褥垫层体积计算,计量单位:m^2、m^3。

8.2.2 基坑与边坡支护

1. 地下连续墙(010202001)

地下连续墙工作内容:导墙挖填、制作、安装、拆除,挖土成槽、固壁、清底置换,混凝土制作、运输、灌注、养护,接头处理,土方、废泥浆外运,打桩场地硬化及泥浆池、泥浆沟。

地下连续墙工程量,按不同地层情况,导墙类型、截面,墙体厚度,成槽深度,混凝土种类、强度等级,接头形式以厚度乘以槽深以地下连续墙体积计算,计量单位:m³。

2. 咬合灌注桩(010202002)

咬合灌注桩工作内容:成孔、固壁,混凝土制作、运输、灌注、养护,套管压拔,土方、废泥浆外运,打桩场地硬化及泥浆池、泥浆沟。

咬合灌注桩工程量,按不同地层情况,桩长,桩径,混凝土种类、强度等级,部位以桩长计算或以图示数量计算,计量单位:m、根。

3. 圆木桩(010202003)

圆木桩工作内容:工作平台搭拆,桩机移位,桩靴安装,沉桩。

圆木桩工程量,按不同地层情况,桩长,材质,尾径,桩倾斜度以桩长(包括桩尖)计算或以图示数量计算,计量单位:m、根。

4. 预制钢筋混凝土板桩(010202004)

预制钢筋混凝土板桩工作内容:工作平台搭拆,桩机竖拆、移位,沉桩,板桩连接。

预制钢筋混凝土板桩工程量,按不同地层情况,送桩深度,桩长,桩截面,混凝土强度等级以桩长(包括桩尖)计算或以图示数量计算,计量单位:m、根。

5. 型钢桩(010202005)

型钢桩工作内容:工作平台搭拆,桩机移位,打(拔)桩,接桩,刷防护材料。

型钢桩工程量,按不同地层情况或部位,送桩深度,桩长,规格型号,桩倾斜度,防护材料种类,是否拔出以质量计算或以图示数量计算,计量单位:t、根。

6. 钢板桩(010202006)

钢板桩工作内容:工作平台搭拆,桩机移位,打拔钢板桩。

钢板桩工程量,按不同地层情况,桩长,板桩厚度以质量计算或以墙中心线长乘以桩长以钢板桩面积计算,计量单位:t、m²。

7. 预应力锚杆、锚索(010202007)

预应力锚杆、锚索工作内容:钻孔、浆液制作、运输、压浆,锚杆(锚索)制作、安装,张拉锚固,锚杆、锚索施工平台搭设、拆除。

预应力锚杆、锚索工程量,按不同地层情况,锚杆(索)类型、部位,钻孔深度,钻孔直径,杆体材料品种、规格、数量,预应力,浆液种类、强度等级以钻孔深度计算或以设计图示数量计算,计量单位:m、根。

8. 土钉(010202008)

土钉工作内容:钻孔、浆液制作、运输、压浆,土钉制作、安装,土钉施工平台搭设、拆除。

土钉工程量,按不同地层情况,钻孔深度,钻孔直径,置入方法,杆体材料品种、规格、数量,浆液种类、强度等级以钻孔深度计算或以设计图示数量计算,计量单位:m、根。

9. 喷射混凝土、水泥砂浆(010202009)

喷射混凝土、水泥砂浆工作内容:修整边坡,混凝土(砂浆)制作、运输、喷射、养护,钻排水孔、安装排水管,喷射施工平台搭设、拆除。

喷射混凝土、水泥砂浆工程量,按不同部位,厚度,材料种类,混凝土(砂浆)类别、强度等级以喷射混凝土、水泥砂浆面积计算,计量单位:m²。

10. 混凝土支撑(010202010)

混凝土支撑工作内容:模板(支架或支撑)制作、安装、拆除、堆放、运输及清理模内杂物、刷隔离剂等,混凝土制作、运输、浇筑、振捣、养护。

混凝土支撑工程量,按不同部位,混凝土种类,混凝土强度等级以混凝土支撑体积计算,计量单位:m³。

11. 钢支撑(010202011)

钢支撑工作内容:支撑、铁件制作(摊销、租赁),支撑、铁件安装,探伤,刷漆,拆除,运输。

钢支撑工程量,按不同部位,钢材品种、规格,探伤要求以钢支撑质量计算。不扣除孔眼质量,焊条、铆钉、螺栓等不另增加质量。计量单位:t。

8.3 桩基工程

8.3.1 打桩

1. 预制钢筋混凝土方桩(010301001)

预制钢筋混凝土方桩工作内容:工作平台搭拆,桩机竖拆、移位,沉桩,接桩,送桩。

预制钢筋混凝土方桩工程量,按不同地层情况,送桩深度、桩长,桩截面,桩倾斜度,沉桩方法,接桩方式,混凝土强度等级以桩长(包括桩尖)计算或以截面积乘以桩长(包括桩尖)以实体积计算或以数量计算,计量单位:m、m³、根。

2. 预制钢筋混凝土管桩(010301002)

预制钢筋混凝土管桩工作内容:工作平台搭拆,桩机竖拆、移位,沉桩,接桩,送桩,桩尖制作安装,填充材料、刷防护材料。

预制钢筋混凝土管桩工程量,按不同地层情况,送桩深度、桩长,桩外径、壁厚,桩倾斜度,混凝土强度等级,填充材料种类,防护材料种类以桩长(包括桩尖)计算或以截面积乘以桩长(包括桩尖)以实体积计算或以数量计算,计量单位:m、m³、根。

3. 钢管桩(010301003)

钢管桩工作内容:工作平台搭拆,桩机竖拆、移位,沉桩,接桩,送桩、切割钢管、精割盖帽,管内取土,填充材料、刷防护材料。

钢管桩工程量,按不同地层情况,送桩深度、桩长,材质,管径、壁厚,桩倾斜度,沉桩方法,填充材料种类,防护材料种类以质量计算或以图示数量计算,计量单位:t、根。

4.截(凿)桩头(010301004)

截(凿)桩头工作内容:截(切割)桩头,凿平,废料外运。

截(凿)桩头工程量,按不同桩类型,桩头截面、高度,混凝土强度等级,有无钢筋以桩截面乘以桩头长度以体积计算或以图示数量计算,计量单位:m³、根。

8.3.2 灌注桩

1.泥浆护壁成孔灌注桩(010302001)

泥浆护壁成孔灌注桩工作内容:护筒埋设,成孔、固壁,混凝土制作、运输、灌注、养护,土方、废泥浆外运,打桩场地硬化及泥浆池、泥浆沟。

泥浆护壁成孔灌注桩工程量,按不同地层情况,空桩长度、桩长,桩径,成孔方法,护筒类型、长度,混凝土类别、强度等级以桩长(包括桩尖)计算或以体积计算或以图示数量计算,计量单位:m、m³、根。

2.沉管灌注桩(010302002)

沉管灌注桩工作内容:打(沉)拔钢管,桩尖制作、安装,混凝土制作、运输、灌注、养护。

沉管灌注桩工程量,按不同地层情况,空桩长度、桩长,复打长度,桩径,沉管方法,桩尖类型,混凝土类别、强度等级以桩长(包括桩尖)计算或以体积计算或以图示数量计算,计量单位:m、m³、根。

3.干作业成孔灌注桩(010302003)

干作业成孔灌注桩工作内容:成孔、扩孔,混凝土制作、运输、灌注、振捣、养护。

干作业成孔灌注桩工程量,按不同地层情况,空桩长度、桩长,桩径,扩孔直径、高度,成孔方法,混凝土类别、强度等级以桩长(包括桩尖)计算或以干作业成孔灌注桩体积计算或以图示数量计算,计量单位:m、m³、根。

4.挖孔桩土(石)方(010302004)

挖孔桩土(石)方工作内容:排地表水,挖土、凿石,基底钎探,运输。

挖孔桩土(石)方工程量,按不同土(石)类别,挖孔深度,弃土(石)运距以图示尺寸(含护壁)截面积乘以挖孔深度以挖孔桩土(石)方立方米计算,计量单位:m^3。

5.人工挖孔灌注桩(010302005)

人工挖孔灌注桩工作内容:护壁制作,混凝土制作、运输、灌注、振捣、养护。

人工挖孔灌注桩工程量,按不同桩芯长度,桩芯直径、扩底直径、扩底高度,护壁厚度、高度,护壁混凝土类别、强度等级,桩芯混凝土类别、强度等级以桩芯混凝土体积计算或以图示数量计算,计量单位:m^3、根。

6.钻孔压浆桩(010302006)

钻孔压浆桩工作内容:钻孔、下注浆管、投放骨料、浆液制作、运输、压浆。

钻孔压浆桩工程量,按不同地层情况,空钻长度、桩长,钻孔直径,水泥强度等级以桩长计算或以数量计算,计量单位:m、根。

7.灌注桩后压浆(010302007)

泥浆护壁成孔灌注桩工作内容:注浆导管制作、安装,浆液制作、运输、压浆。

泥浆护壁成孔灌注桩工程量,按不同注浆导管材料、规格,注浆导管长度,单孔注浆量,水泥强度等级以注浆孔数计算,计量单位:孔。

8.3.3 土壤级别

按表8-3确定。

表 8-3　土壤级别表

内　　　　容		土　　壤　　级　　别	
		一　级　土	二　级　土
砂夹层	砂层连续厚度	<1m	>1m
	砂层中卵石含量	—	<15%
物理性能	压缩系数	>0.02	<0.02
	孔隙比	>0.7	<0.7
力学性能	静力触探值	<50	>50
	动力触探系数	<12	>12
每米纯沉桩时间平均值		<2min	>2min
说明		桩经外力作用较易沉入的土,土壤中夹有较薄的砂层	桩经外力作用较难沉入的土,土壤中夹有不超过3m的连续厚度砂层

8.4　砌筑工程

8.4.1　砖砌体

1. 砖基础(010401001)

砖基础工作内容:砂浆制作、运输,砌砖,防潮层铺设,材料运输。

砖基础工程量,按不同砖品种、规格、强度等级,基础类型,砂浆强度等级,防潮层材料种类以砖基础体积计算,计量单位:m³。

包括附墙垛基础宽出部分体积,扣除地梁(圈梁)、构造柱所占体积,不扣除基础大放脚 T 形接头处的重叠部分及嵌入基础内的钢筋、铁件、管道、基础砂浆防潮层和单个面积≤0.3m²的孔洞所占体积,靠墙暖气沟的挑檐不增加。

基础长度:外墙按外墙中心线,内墙按内墙净长线计算。

2. 砖砌挖孔桩护壁(010401002)

砖砌挖孔桩护壁工作内容:砂浆制作、运输,砌砖,材料运输。

砖砌挖孔桩护壁工程量,按不同砖品种、规格、强度等级,砂浆强度等级以立方米计算,计量单位:m³。

3.实心砖墙(010401003)

砖墙工作内容:砂浆制作、运输,砌砖,刮缝,砖压顶砌筑,材料运输。

砖墙工程量,按不同砖品种、规格、强度等级,墙体类型,砂浆强度等级、配合比以砖墙体积计算,计量单位:m³。

扣除门窗洞口、过人洞、空圈、嵌入墙内的钢筋混凝土柱、梁、圈梁、挑梁、过梁及凹进墙内的壁龛、管槽、暖气槽、消火栓箱所占体积,不扣除梁头、板头、檩头、垫木、木楞头、沿缘木、木砖、门窗走头、砖墙内加固钢筋、木筋、铁件、钢管及单个面积≤0.3m²的孔洞所占的体积。突出墙面的腰线、挑檐、压顶、窗台线、虎头砖、门窗套的体积亦不增加。突出墙面的砖垛并入墙体体积内计算。

(1)墙长度:外墙按中心线、内墙按净长计算。

(2)墙高度:

1)外墙。斜(坡)屋面无檐口天棚者算至屋面板底;有屋架且室内外均有天棚者算至屋架下弦底另加200mm;无天棚者算至屋架下弦底另加300mm,出檐宽度超过600mm时按实砌高度计算;与钢筋混凝土楼板隔层者算至板顶。平屋顶算至钢筋混凝土板底。

2)内墙。位于屋架下弦者,算至屋架下弦底,无屋架者算至天棚底另加100mm;有钢筋混凝土楼板隔层者算至楼板顶;有框架梁时算至梁底。

3)女儿墙。从屋面板上表面算至女儿墙顶面(如有混凝土压顶时算至压顶下表面)。

4)内、外山墙。按其平均高度计算。

(3)框架间墙:不分内外墙按墙体净尺寸以体积计算。

(4)围墙:高度算至压顶上表面(如有混凝土压顶时算至压顶下表面),围墙柱并入围墙体积内。

4. 多孔砖墙(010401004)

多孔砖墙工作内容与工程量计算同实心砖墙。

5. 空心砖墙(010401005)

空心砖墙工作内容与工程量计算同实心砖墙。

6. 空斗墙(010401006)

空斗墙工作内容:砂浆制作、运输,砌砖,装填充料,刮缝,材料运输。

空斗墙工程量,按不同砖品种、规格、强度等级,墙体类型,砂浆强度等级、配合比以空斗墙外形体积计算。墙角、内外墙交接处、门窗洞口立边、窗台砖、屋檐处的实砌部分体积并入空斗墙体积内,计量单位:m^3。

7. 空花墙(010401007)

空花墙工作内容:砂浆制作、运输,砌砖,装填充料,刮缝,材料运输。

空花墙工程量,按不同砖品种、规格、强度等级,墙体类型,砂浆强度等级、配合比以空花部分外形体积计算,不扣除空洞部分体积,计量单位:m^3。

8. 填充墙(010404008)

填充墙工作内容:砂浆制作、运输,砌砖,装填充料,刮缝,材料运输。

填充墙工程量,按不同砖品种、规格、强度等级,墙体类型,填充材料种类及厚度,砂浆强度等级、配合比以填充墙外形体积计算,计量单位:m^3。

9. 实心砖柱(010401009)

实心砖柱工作内容:砂浆制作运输,砌砖,刮缝,材料运输。

实心砖柱工程量,按不同砖品种、规格、强度等级,柱类型,砂浆强度等级、配合比以体积计算。扣除混凝土及钢筋混凝土梁垫、梁头、板头所占体积。计量单位:m^3。

10. 多孔砖柱(010401010)

多孔砖柱工作内容与工程量计算同实心砖柱。

11. 砖检查井(010401011)

砖检查井工作内容:砂浆制作、运输,铺设垫层,底板混凝土制作、运输、浇筑、振捣、养护,砌砖,刮缝,井池底、壁抹灰,抹防潮层,材料运输。

砖检查井工程量,按不同井截面、深度,砖品种、规格、强度等级,垫层材料种类、厚度,底板厚度,井盖安装,混凝土强度等级,砂浆强度等级,防潮层材料种类以图示数量计算,计量单位:座。

12. 零星砌砖(010401012)

零星砌砖工作内容:砂浆制作、运输,砌砖,刮缝,材料运输。

零星砌砖工程量,按不同零星砌砖名称、部位,砖品种、规格、强度等级、砂浆强度等级、配合比以截面积乘以长度计算;以水平投影面积计算;以长度计算;以数量计算,计量单位:m^3、m^2、m、个。

13. 砖散水、地坪(010401013)

砖散水、地坪工作内容:土方挖、运、填,地基找平、夯实,铺设垫层,砌砖散水、地坪,抹砂浆面层。

砖散水、地坪工程量,按不同砖品种、规格、强度等级,垫层材料种类、厚度,散水、地坪厚度,面层种类、厚度,砂浆强度等级以砖散水、地坪面积计算,计量单位:m^2。

14. 砖地沟、明沟(010401014)

砖地沟、明沟工作内容:土方挖、运、填,铺设垫层,底板混凝土制作、运输、浇筑、振捣、养护,砌砖,刮缝,抹灰,材料运输。

砖地沟、明沟工程量,按不同砖品种、规格、强度等级,沟截面尺寸,垫层材料种类、厚度,混凝土强度等级,砂浆强度等级以中心线长度计算,计量单位:m。

8.4.2 砌块砌体

1. 砌块墙(010402001)

砌块墙工作内容:砂浆制作、运输,砌砖、砌块,勾缝,材料运输。

砌块墙工程量,按不同砌块品种、规格、强度等级,墙体类型,砂浆强度等级以砌块墙体积计算,计量单位:m³。

扣除门窗洞口、过人洞、空圈、嵌入墙内的钢筋混凝土柱、梁、圈梁、挑梁、过梁及凹进墙内的壁龛、管槽、暖气槽、消火栓箱所占体积,不扣除梁头、板头、檩头、垫木、木楞头、沿缘木、木砖、门窗走头、砌块墙内加固钢筋、木筋、铁件、钢管及单个面积≤0.3m²的孔洞所占的体积。突出墙面的腰线、挑檐、压顶、窗台线、虎头砖、门窗套的体积亦不增加。突出墙面的砖垛并入墙体体积内计算。

(1)墙长度:外墙按中心线、内墙按净长计算。

(2)墙高度:

1)外墙。斜(坡)屋面无檐口天棚者算至屋面板底;有屋架且室内外均有天棚者算至屋架下弦底另加200mm;无天棚者算至屋架下弦底另加300mm,出檐宽度超过600mm时按实砌高度计算;与钢筋混凝土楼板隔层者算至板顶;平屋面算至钢筋混凝土板底。

2)内墙。位于屋架下弦者,算至屋架下弦底;无屋架者算至天棚底另加100mm;有钢筋混凝土楼板隔层者算至楼板顶;有框架梁时算至梁底。

3)女儿墙。从屋面板上表面算至女儿墙顶面(如有混凝土压顶时算至压顶下表面)。

4)内、外山墙。按其平均高度计算。

(3)框架间墙:不分内外墙按墙体净尺寸以体积计算。

(4)围墙:高度算至压顶上表面(如有混凝土压顶时算至压顶下表面),围墙柱并入围墙体积内。

2. 砌块柱(010402002)

砌块柱工作内容:砂浆制作、运输,砌砖、砌块,勾缝,材料运输。

砌块柱工程量,按不同砌块品种、规格、强度等级、墙体类型,砂浆强度等级以砌块柱体积计算(扣除混凝土及钢筋混凝土梁垫、梁头、板头所占体积),计量单位:m³。

8.4.3 石砌体

1. 石基础(010403001)

石基础工作内容:砂浆制作、运输,吊装,砌石,防潮层铺设,材料运输。

石基础工程量,按不同石料种类、规格,基础类型,砂浆强度等级以石基础体积计算,计量单位:m³。

包括附墙垛基础宽出部分体积,不扣除基础砂浆防潮层及单个面积≤0.3m²的孔洞所占体积,靠墙暖气沟的挑檐不增加体积。基础长度:外墙按中心线,内墙按净长计算。

2. 石勒脚(010403002)

石勒脚工作内容:砂浆制作、运输,吊装,砌石,石表面加工,勾缝,材料运输。

石勒脚工程量,按不同石料种类、规格,石表面加工要求,勾缝要求,砂浆强度等级、配合比以石勒脚体积计算,扣除单个面积＞0.3m²的孔洞所占的体积,计量单位:m³。

3. 石墙(010403003)

石墙工作内容:砂浆制作、运输,吊装,砌石,石表面加工,勾缝,材料运输。

石墙工程量,按不同石料种类、规格,石表面加工要求,勾缝要求,砂浆强度等级、配合比以石墙体积计算,计量单位:m³。

扣除门窗洞口、过人洞、空圈、嵌入墙内的钢筋混凝土柱、梁、圈梁、挑梁、过梁及凹进墙内的壁龛、管槽、暖气槽、消火栓箱所占体积,不扣除梁头、板头、檩头、垫木、木楞头、沿缘木、木砖、门窗走头、石墙内加固钢筋、木筋、铁件、钢管及单个面积≤0.3m²的孔洞所占的体积。突出墙面的腰线、挑檐、压顶、窗台线、虎头砖、门窗套的体积亦不增加。突出墙面的砖垛并入墙体体积内计算。

(1)墙长度:外墙按中心线、内墙按净长计算。

(2)墙高度:

1)外墙。斜(坡)屋面无檐口天棚者算至屋面板底;有屋架且室内外均有天棚者算至屋架下弦底另加200mm;无天棚者算至屋架下弦底另加300mm,出檐宽度超过600mm时按实砌高度计算;平屋顶算至钢筋混凝土板底。

2)内墙。位于屋架下弦者,算至屋架下弦底;无屋架者算至天棚底另加100mm;有钢筋混凝土楼板隔层者算至楼板顶;有框架梁时算至梁底。

3)女儿墙。从屋面板上表面算至女儿墙顶面(如有混凝土压顶时算至压顶下表面)。

4)内、外山墙。按其平均高度计算。

(3)围墙:高度算至压顶上表面(如有混凝土压顶时算至压顶下表面),围墙柱并入围墙体积内。

4.石挡土墙(010403004)

石挡土墙工作内容:砂浆制作、运输,吊装,砌石,变形缝、泄水孔、压顶抹灰,滤水层,勾缝,材料运输。

石挡土墙工程量,按不同石料种类、规格,石表面加工要求,勾缝要求,砂浆强度等级、配合比以石挡土墙体积计算,计量单位:m³。

5.石柱(010403005)

石柱工作内容:砂浆制作、运输,吊装,砌石,石表面加工,勾缝,材料运输。

石柱工程量,按不同石料种类、规格,石表面加工要求,勾缝要求,砂浆强度等级、配合比以石柱体积计算,计量单位:m³。

6. 石栏杆(010403006)

石栏杆工作内容:砂浆制作、运输,吊装,砌石,石表面加工,勾缝,材料运输。

石栏杆工程量,按不同石料种类、规格,石表面加工要求,勾缝要求,砂浆强度等级、配合比以石栏杆长度计算,计量单位:m。

7. 石护坡(010403007)

石护坡工作内容:砂浆制作、运输,吊装,砌石,石表面加工,勾缝,材料运输。

石护坡工程量,按不同垫层材料种类、厚度,石料种类、规格,护坡厚度、高度,石表面加工要求,勾缝要求,砂浆强度等级、配合比以石护坡体积计算,计量单位:m³。

8. 石台阶(010403008)

石台阶工作内容:铺设垫层,石料加工,砂浆制作、运输,砌石,石表面加工,勾缝,材料运输。

石台阶工程量,按不同垫层材料种类、厚度,石料种类、规格,护坡厚度、高度,石表面加工要求,勾缝要求,砂浆强度等级、配合比以石台阶体积计算,计量单位:m³。

9. 石坡道(010403009)

石坡道工作内容:铺设垫层,石料加工,砂浆制作、运输,砌石,石表面加工,勾缝,材料运输。

石坡道工程量,按不同垫层材料种类、厚度,石料种类、规格,护坡厚度、高度,石表面加工要求,勾缝要求,砂浆强度等级、配合比以石坡道水平投影面积计算,计量单位:m²。

10. 石地沟、明沟(010403010)

石地沟、明沟工作内容:土方挖、运,砂浆制作、运输,铺设垫层,砌石,石表面加工,勾缝,回填,材料运输。

石地沟、明沟工程量,按不同沟截面尺寸,土壤类别、运距,垫层材料种类、厚度,石料种类、规格,石表面加工要求,勾缝要求,砂浆强度等级、配合比以石地沟、明沟中心线长度计算,计量单位:m。

8.4.4 垫层

垫层(010404001)

垫层工作内容:垫层材料的拌制,垫层铺设,材料运输。

垫层工程量,按不同垫层材料种类、配合比、厚度以垫层立方米计算,计量单位:m³。

8.5 混凝土及钢筋混凝土工程

8.5.1 现浇混凝土基础

1. 垫层(010501001)

垫层工作内容:模板及支撑制作、安装、拆除、堆放、运输及清理模内杂物、刷隔离剂等,混凝土制作、运输、浇筑、振捣、养护。

垫层工程量,按不同混凝土种类,混凝土强度等级以垫层体积计算。不扣除伸入承台基础的桩头所占体积,计量单位:m³。

2. 带形基础(010501002)

带形基础工作内容:模板及支撑制作、安装、拆除、堆放、运输及清理模内杂物、刷隔离剂等,混凝土制作、运输、浇筑、振捣、养护。

带形基础工程量,按不同混凝土种类,混凝土强度等级以带形基础体积计算。不扣除伸入承台基础的桩头所占体积,计量单位:m³。

3. 独立基础(010501003)

独立基础工作内容:模板及支撑制作、安装、拆除、堆放、运输及清理模内杂物、刷隔离剂等,混凝土制作、运输、浇筑、振捣、养护。

独立基础工程量,按不同混凝土种类,混凝土强度等级以独立基础体积计算。不扣除伸入承台基础的桩头所占体积,计量单位:m³。

4.满堂基础(010501004)

满堂基础工作内容:模板及支撑制作、安装、拆除、堆放、运输及清理模内杂物、刷隔离剂等,混凝土制作、运输、浇筑、振捣、养护。

满堂基础工程量,按不同混凝土种类,混凝土强度等级以满堂基础体积计算。不扣除伸入承台基础的桩头所占体积,计量单位:m³。

5.桩承台基础(010501005)

桩承台基础工作内容:模板及支撑制作、安装、拆除、堆放、运输及清理模内杂物、刷隔离剂等,混凝土制作、运输、浇筑、振捣、养护。

桩承台基础工程量,按不同混凝土种类,混凝土强度等级以桩承台基础体积计算。不扣除伸入承台基础的桩头所占体积,计量单位:m³。

6.设备基础(010501006)

设备基础工作内容:模板及支撑制作、安装、拆除、堆放、运输及清理模内杂物、刷隔离剂等,混凝土制作、运输、浇筑、振捣、养护。

设备基础工程量,按不同混凝土种类,混凝土强度等级,灌浆材料及其强度等级以设备基础体积计算,计量单位:m³。

8.5.2 现浇混凝土柱

1.矩形柱(010502001)

矩形柱工作内容:模板及支架(撑)制作、安装、拆除、堆放、运输及清理模内杂物、刷隔离剂等,混凝土制作、运输、浇筑、振捣、养护。

矩形柱工程量,按不同混凝土类别,混凝土强度等级计算,计量单位:m³。

2.构造柱(010502002)

构造柱工作内容:模板及支架(撑)制作、安装、拆除、堆放、运输及清理模内杂物、刷隔离剂等,混凝土制作、运输、浇筑、振捣、养护。

构造柱工程量,按不同混凝土类别,混凝土强度等级计算,计量单位:m³。

3. 异形柱(010502003)

异形柱工作内容:模板及支架(撑)制作、安装、拆除、堆放、运输及清理模内杂物、刷隔离剂等,混凝土制作、运输、浇筑、振捣、养护。

异形柱工程量,按不同柱形状,混凝土类别,混凝土强度等级计算,计量单位:m³。

现浇混凝土柱工程量计算规则。按设计图示尺寸以体积计算。不扣除构件内钢筋,预埋铁件所占体积。型钢混凝土柱扣除构件内型钢所占体积。

柱高:

(1)有梁板的柱高,应自柱基上表面(或楼板上表面)至上一层楼板上表面之间的高度计算。

(2)无梁板的柱高,应自柱基上表面(或楼板上表面)至柱帽下表面之间的高度计算。

(3)框架柱的柱高:应自柱基上表面至柱顶高度计算。

(4)构造柱按全高计算,嵌接墙体部分(马牙槎)并入柱身体积。

(5)依附柱上的牛腿和升板的柱帽,并入柱身体积计算。

8.5.3 现浇混凝土梁

1. 基础梁(010503001)

基础梁工作内容:模板及支架(撑)制作、安装、拆除、堆放、运输及清理模内杂物、刷隔离剂等,混凝土制作、运输、浇筑、振捣、养护。

基础梁工程量,按不同混凝土类别,混凝土强度等级以基础梁体积计算。伸入墙内的梁头、梁垫并入梁体积内。计量单位:m³。

梁长:

(1)梁与柱连接时,梁长算至柱侧面。

(2)主梁与次梁连接时,次梁长算至主梁侧面。

2. 矩形梁(010503002)

矩形梁工作内容与工程量计算同基础梁。

3. 异形梁（010503003）

异形梁工作内容与工程量计算同基础梁。

4. 圈梁（010503004）

圈梁工作内容与工程量计算同基础梁。

5. 过梁（010503005）

过梁工作内容与工程量计算同基础梁。

6. 弧形、拱形梁（010503006）

弧形、拱形梁工作内容与工程量计算同基础梁。

8.5.4　现浇混凝土墙

1. 直形墙（010504001）

直形墙工作内容：模板及支架（撑）制作、安装、拆除、堆放、运输及清理模内杂物、刷隔离剂等，混凝土制作、运输、浇筑、振捣、养护。

直形墙工程量，按不同混凝土类别，混凝土强度等级以直形墙体积计算。扣除门窗洞口及单个面积 >0.3m² 的孔洞所占体积，墙垛及突出墙面部分并入墙体体积内计算。计量单位：m³。

2. 弧形墙（010504002）

弧形墙工作内容与工程量计算同直形墙。

3. 短肢剪力墙（010504003）

短肢剪力墙工作内容与工程量计算同直形墙。

4. 挡土墙（010504004）

挡土墙工作内容与工程量计算同直形墙。

8.5.5　现浇混凝土板

1. 有梁板（010505001）

有梁板工作内容：模板及支架（撑）制作、安装、拆除、堆放、运输及清理模内杂物、刷隔离剂等，混凝土制作、运输、浇筑、振捣、养护。

有梁板工程量，按不同混凝土种类，混凝土强度等级以有梁板体积计算。不扣除构件内钢筋、预埋铁件及单个面积≤0.3m²的柱、垛以及孔洞所占体积,计量单位:m³。

压形钢板混凝土楼板扣除构件内压形钢板所占体积。

有梁板(包括主、次梁与板)按梁、板体积之和计算,无梁板按板和柱帽体积之和计算,各类板伸入墙内的板头并入板体积内,薄壳板的肋、基梁并入薄壳体积内计算。

2. 无梁板(010505002)

无梁板工作内容与工程量计算同有梁板。

3. 平板(010505003)

平板工作内容与工程量计算同有梁板。

4. 拱板(010505004)

拱板工作内容与工程量计算同有梁板。

5. 薄壳板(010505005)

薄壳板工作内容与工程量计算同有梁板。

6. 栏板(010505006)

栏板工作内容与工程量计算同有梁板。

7. 天沟(檐沟)、挑檐板(010505007)

天沟(檐沟)、挑檐板工作内容:模板及支架(撑)制作、安装、拆除、堆放、运输及清理模内杂物、刷隔离剂等,混凝土制作、运输、浇筑、振捣、养护。

天沟(檐沟)、挑檐板工程量,按不同混凝土种类,混凝土强度等级以天沟(檐沟)、挑檐板体积计算,计量单位:m³。

8. 雨篷、悬挑板、阳台板(010505008)

雨篷、悬挑板、阳台板工作内容:模板及支架(撑)制作、安装、拆除、堆放、运输及清理模内杂物、刷隔离剂等,混凝土制作、运输、浇筑、振捣、养护。

雨篷、悬挑板、阳台板工程量,按不同混凝土种类,混凝土强度等级以墙外部分体积计算。包括伸出墙外的牛腿和雨篷反挑檐的体积,计量单位:m³。

9. 空心板(010505009)

空心板工作内容:模板及支架(撑)制作、安装、拆除、堆放、运输及清理模内杂物、刷隔离剂等,混凝土制作、运输、浇筑、振捣、养护。

空心板工程量,按不同混凝土种类,混凝土强度等级以空心板体积计算。空心板(GBF高强薄壁蜂巢芯板等)应扣除空心部分体积,计量单位:m³。

10. 其他板(010505010)

其他板工作内容与工程量计算同天沟(檐沟)、挑檐板。

8.5.6　现浇混凝土楼梯

1. 直形楼梯(010506001)

直形楼梯工作内容:模板及支架(撑)制作、安装、拆除、堆放、运输及清理模内杂物、刷隔离剂等,混凝土制作、运输、浇筑、振捣、养护。

直形楼梯工程量,按不同混凝土类别,混凝土强度等级以直形楼梯水平投影面积计算(不扣除宽度≤500mm的楼梯井,伸入墙内部分不计算)或以直形楼梯体积计算。计量单位:m²、m³。

2. 弧形楼梯(010506002)

弧形楼梯工作内容与工程量计算同直形楼梯。

8.5.7　现浇混凝土其他构件

1. 散水、坡道(010507001)

散水、坡道工作内容:地基夯实,铺设垫层,模板及支撑制作、安装、拆除、堆放、运输及清理模内杂物、刷隔离剂等,混凝土制作、运输、浇筑、振捣、养护,变形缝填塞。

散水、坡道工程量,按不同垫层材料种类、厚度,面层厚度,混凝土种类,混凝土强度等级,变形缝填塞材料种类以面积计算,不扣除单个≤0.3m² 的孔洞所占面积。计量单位:m²。

2.室外地坪(010507002)

室外地坪工作内容:地基夯实,铺设垫层,模板及支撑制作、安装、拆除、堆放、运输及清理模内杂物、刷隔离剂等,混凝土制作、运输、浇筑、振捣、养护,变形缝填塞。

室外地坪工程量,按不同地坪厚度,混凝土强度等级以面积计算,不扣除单个≤0.3m² 的孔洞所占面积。计量单位:m²。

3.电缆沟、地沟(010507003)

电缆沟、地沟工作内容:挖填、运土石方,铺设垫层,模板及支撑制作、安装、拆除、堆放、运输及清理模内杂物、刷隔离剂等,混凝土制作、运输、浇筑、振捣、养护,刷防护材料。

电缆沟、地沟工程量,按不同土壤类别,沟截面净空尺寸,垫层材料种类、厚度,混凝土类别,混凝土强度等级,防护材料种类以电缆沟、地沟中心线长度计算。计量单位:m。

4.台阶(010507004)

台阶工作内容:模板及支撑制作、安装、拆除、堆放、运输及清理模内杂物、刷隔离剂等,混凝土制作、运输、浇筑、振捣、养护。

台阶工程量,按不同踏步高、宽,混凝土种类,混凝土强度等级水平投影面积计算或以台阶体积计算。计量单位:m²、m³。

5.扶手、压顶(010507005)

扶手、压顶工作内容:模板及支架(撑)制作、安装、拆除、堆放、运输及清理模内杂物、刷隔离剂等,混凝土制作、运输、浇筑、振捣、养护。

扶手、压顶工程量,按不同断面尺寸,混凝土种类,混凝土强度等级以扶手、压顶中心线延长米计算或以扶手、压顶体积计算。计量单位:m、m³。

6.化粪池、检查井(010507006)

化粪池、检查井工作内容:模板及支架(撑)制作、安装、拆除、堆放、运输及清理模内杂物、刷隔离剂等,混凝土制作、运输、浇筑、振捣、养护。

化粪池、检查井工程量,按不同断面尺寸,混凝土强度等级,防水、抗渗要求以化粪池、检查井体积计算或以图示数量计算。计量单位:m³、座。

7. 其他构件(01050707)

其他构件工作内容:模板及支架(撑)制作、安装、拆除、堆放、运输及清理模内杂物、刷隔离剂等,混凝土制作、运输、浇筑、振捣、养护。

其他构件工程量,按不同构件的类型,构件规格,部位,混凝土种类,混凝土强度等级以其他构件体积计算或以图示数量计算。计量单位:m³、座。

8.5.8 后浇带

1. 后浇带(010508001)

后浇带工作内容:模板及支架(撑)制作、安装、拆除、堆放、运输及清理模内杂物、刷隔离剂等,混凝土制作、运输、浇筑、振捣、养护及混凝土交接面、钢筋等的清理。

后浇带工程量,按不同混凝土种类,混凝土强度等级以后浇带体积计算。计量单位:m³。

8.5.9 预制混凝土柱

1. 矩形柱(010509001)

矩形柱工作内容:模板制作、安装、拆除、堆放、运输及清理模内杂物、刷隔离剂等,混凝土制作、运输、浇筑、振捣、养护,构件运输、安装,砂浆制作、运输,接头灌缝、养护。

矩形柱工程量,按不同图代号,单件体积,安装高度,混凝土强度等级,砂浆(细石混凝土)强度等级、配合比以矩形柱体积计算或以数量计算。计量单位:m³、根。

2. 异形柱（010509002）

异形柱工作内容与工程量计算同矩形柱。

8.5.10 预制混凝土梁

1. 矩形梁（010510001）

矩形梁工作内容：模板制作、安装、拆除、堆放、运输及清理模内杂物、刷隔离剂等，混凝土制作、运输、浇筑、振捣、养护，构件运输、安装，砂浆制作、运输，接头灌缝、养护。

矩形梁工程量，按不同图代号，单件体积，安装高度，混凝土强度等级，砂浆（细石混凝土）强度等级、配合比以矩形梁体积计算或以数量计算。计量单位：m^3、根。

2. 异形梁（010510002）

异形梁工作内容与工程量计算同矩形梁。

3. 过梁（010510003）

过梁工作内容与工程量计算同矩形梁。

4. 拱形梁（010510004）

拱形梁工作内容与工程量计算同矩形梁。

5. 鱼腹式吊车梁（010510005）

鱼腹式吊车梁工作内容与工程量计算同矩形梁。

6. 其他梁（010510006）

其他梁工作内容与工程量计算同矩形梁。

8.5.11 预制混凝土屋架

1. 折线形（010511001）

折线形工作内容：模板制作、安装、拆除、堆放、运输及清理模内杂物、刷隔离剂等，混凝土制作、运输、浇筑、振捣、养护，构件运输、安装，砂浆制作、运输，接头灌缝、养护。

折线形工程量，按不同图代号，单件体积，安装高度，混凝土强度等级,砂浆(细石混凝土)强度等级、配合比以折线形体积计算或以数量计算。计量单位:m³、榀。

2.组合(010511002)

组合工作内容与工程量计算同折线形。

3.薄腹(010511003)

薄腹工作内容与工程量计算同折线形。

4.门式刚架(010511004)

门式刚架工作内容与工程量计算同折线形。

5.天窗架(010511005)

天窗架工作内容与工程量计算同折线形。

8.5.12　预制混凝土板

1.平板(010512001)

平板工作内容:模板制作、安装、拆除、堆放、运输及清理模内杂物、刷隔离剂等,混凝土制作、运输、浇筑、振捣、养护,构件运输、安装,砂浆制作、运输,接头灌缝、养护。

平板工程量,按不同图代号,单件体积,安装高度,混凝土强度等级,砂浆(细石混凝土)强度等级、配合比以平板体积计算(不扣除单个面积≤300mm×300mm 的孔洞所占体积,扣除空心板空洞体积)或以"数量"计算。计量单位:m³、块。

2.空心板(010512002)

空心板工作内容与工程量计算同平板。

3.槽形板(010512003)

槽形板工作内容与工程量计算同平板。

4.网架板(010512004)

网架板工作内容与工程量计算同平板。

5.折线板(010512005)

折线板工作内容与工程量计算同平板。

6. 带肋板（010512006）

带肋板工作内容与工程量计算同平板。

7. 大型板（010512007）

大型板工作内容与工程量计算同平板。

8. 沟盖板、井盖板、井圈（010512008）

沟盖板、井盖板、井圈工作内容：模板制作、安装、拆除、堆放、运输及清理模内杂物、刷隔离剂等，混凝土制作、运输、浇筑、振捣、养护，构件运输、安装，砂浆制作、运输、接头灌缝、养护。

沟盖板、井盖板、井圈工程量，按不同单件体积，安装高度，混凝土强度等级，砂浆强度等级、配合比以沟盖板、井盖板、井圈体积计算或以"数量"计算。计量单位：m^3、块（套）。

8.5.13 预制混凝土楼梯

楼梯（010513001）

楼梯工作内容：模板制作、安装、拆除、堆放、运输及清理模内杂物、刷隔离剂等，混凝土制作、运输、浇筑、振捣、养护，构件运输、安装，砂浆制作、运输、接头灌缝、养护。

楼梯工程量，按不同楼梯类型，单件体积，混凝土强度等级，砂浆（细石混凝土）强度等级以楼梯体积计算或以数量计算。计量单位：m^3、段。

8.5.14 其他预制构件

1. 垃圾道、通风道、烟道（010514001）

垃圾道、通风道、烟道工作内容：模板制作、安装、拆除、堆放、运输及清理模内杂物、刷隔离剂等，混凝土制作、运输、浇筑、振捣、养护，构件运输、安装，砂浆制作、运输、接头灌缝、养护。

垃圾道、通风道、烟道工程量，按不同单件体积，混凝土强度等级，砂浆强度等级以垃圾道、通风道、烟道体积计算（不扣除单个面积≤300mm×300mm 的孔洞所占体积,扣除烟道、垃圾道、通风道的孔洞所占体积);以面积计算(不扣除单个面积≤300mm×300mm 的孔洞所占面积);以数量计算。计量单位:m³、m²、根(块、套)。

2.其他构件(010514002)

其他构件工作内容:模板制作、安装、拆除、堆放、运输及清理模内杂物、刷隔离剂等,混凝土制作、运输、浇筑、振捣、养护,构件运输、安装,砂浆制作、运输,接头灌缝、养护。

其他构件工程量,按不同单件体积,构件的类型,混凝土强度等级,砂浆强度等级以体积计算(不扣除单个面积≤300mm×300mm 的孔洞所占体积,扣除烟道、垃圾道、通风道的孔洞所占体积);以面积计算(不扣除单个面积≤300mm×300mm 的孔洞所占面积);以数量计算。计量单位:m³、m²、根(块、套)。

8.5.15 钢筋工程

1.现浇构件钢筋(010515001)

现浇构件钢筋工作内容:钢筋制作、运输,钢筋安装,焊接(绑扎)。

现浇构件钢筋工程量,按不同钢筋种类、规格以钢筋长度(面积)乘单位理论质量计算。计量单位:t。

2.预制构件钢筋(010515002)

预制构件钢筋工作内容与工程量计算同现浇构件钢筋。

3.钢筋网片(010515003)

钢筋网片工作内容:钢筋网制作、运输,钢筋网安装,焊接(绑扎)。

钢筋网片工程量,按不同钢筋种类、规格以钢筋网长度(面积)乘单位理论质量计算。计量单位:t。

4.钢筋笼(010515004)

钢筋笼工作内容:钢筋笼制作、运输,钢筋笼安装,焊接(绑扎)。

钢筋笼工程量,按不同钢筋种类、规格以钢筋(网)长度(面积)

乘单位理论质量计算。计量单位:t。

5.先张法预应力钢筋(010515005)

先张法预应力钢筋工作内容:钢筋制作、运输,钢筋张拉。

先张法预应力钢筋工程量,按不同钢筋种类、规格,锚具种类以钢筋长度乘单位理论质量计算。计量单位:t。

6.后张法预应力钢筋(010515006)

后张法预应力钢筋工作内容:钢筋、钢丝、钢绞线制作、运输,钢筋、钢丝、钢绞线安装,预埋管孔道铺设,锚具安装,砂浆制作、运输,孔道压浆、养护。

后张法预应力钢筋工程量,按不同钢筋种类、规格,钢丝种类、规格,钢绞线种类、规格,锚具种类,砂浆强度等级以钢筋(丝束、绞线)长度乘单位理论质量计算。计量单位:t。

(1)低合金钢筋两端均采用螺杆锚具时,钢筋长度按孔道长度减0.35m计算,螺杆另行计算。

(2)低合金钢筋一端采用镦头插片,另一端采用螺杆锚具时,钢筋长度按孔道长度计算,螺杆另行计算。

(3)低合金钢筋一端采用镦头插片,另一端采用帮条锚具时,钢筋增加0.15m计算;两端均采用帮条锚具时,钢筋长度按孔道长度增加0.3m计算。

(4)低合金钢筋采用后张混凝土自锚时,钢筋长度按孔道长度增加0.35m计算。

(5)低合金钢筋(钢绞线)采用JM、XM、QM型锚具,孔道长度≤20m时,钢筋长度按增加1m计算,孔道长度>20m时,钢筋长度按增加1.8m计算。

(6)碳素钢丝采用锥形锚具,孔道长度≤20m时,钢丝束长度按孔道长度增加1m计算,孔道长度>20m时,钢丝束长度按孔道长度增加1.8m计算。

(7)碳素钢丝采用镦头锚具时,钢丝束长度按孔道长度增加

0.35m 计算。

7. 预应力钢丝(010515007)

预应力钢丝工作内容与工程量计算同后张法预应力钢筋。

8. 预应力钢绞线(010515008)

预应力钢绞线工作内容与工程量计算同后张法预应力钢筋。

9. 支撑钢筋(铁马)(010515009)

支撑钢筋(铁马)工作内容:钢筋制作、焊接、安装。

支撑钢筋(铁马)工程量,按不同钢筋种类、规格以钢筋长度乘单位理论质量计算。计量单位:t。

10. 声测管(010515010)

声测管工作内容:检测管截断、封头,套管制作、焊接,定位、固定。

声测管工程量,按不同材质,规格型号以声测管质量计算。计量单位:t。

8.5.16 螺栓、铁件

1. 螺栓(010516001)

螺栓工作内容:螺栓、铁件制作、运输,螺栓、铁件安装。

螺栓工程量,按不同螺栓种类、规格以螺栓质量计算。计量单位:t。

2. 预埋铁件(010516002)

预埋铁件工作内容:螺栓、铁件制作、运输,螺栓、铁件安装。

预埋铁件工程量,按不同钢材种类,规格,铁件尺寸以螺栓质量计算。计量单位:t。

3. 机械连接(010516003)

机械连接工作内容:钢筋套丝,套筒连接。

机械连接工程量,按不同连接方式,螺纹套筒种类,规格以机械连接数量计算。计量单位:个。

8.6 金属结构工程

8.6.1 钢网架

钢网架(010601001)

钢网架工作内容:拼装,安装,探伤,补刷油漆。

钢网架工程量,按不同钢材品种、规格,网架节点形式、连接方式,网架跨度、安装高度,探伤要求,防火要求以质量计算(不扣除孔眼的质量,焊条、铆钉、螺栓等不另增加质量)。计量单位:t。

8.6.2 钢屋架、钢托架、钢桁架、钢架桥

1. 钢屋架(010602001)

钢屋架工作内容:拼装,安装,探伤,补刷油漆。

钢屋架工程量,按不同钢材品种、规格,单榀质量,屋架跨度、安装高度,螺栓种类,探伤要求,防火要求以图示数量计算或以质量计算(不扣除孔眼的质量,焊条、铆钉、螺栓等不另增加质量)。计量单位:榀、t。

2. 钢托架(010602002)

钢托架工作内容:拼装,安装,探伤,补刷油漆。

钢托架工程量,按不同钢材品种、规格,单榀质量,安装高度,螺栓种类,探伤要求,防火要求以质量计算(不扣除孔眼的质量,焊条、铆钉、螺栓等不另增加质量)。计量单位:t。

3. 钢桁架(010602003)

钢桁架工作内容:拼装,安装,探伤,补刷油漆。

钢桁架工程量,按不同钢材品种、规格,单榀质量,安装高度,螺栓种类,探伤要求,防火要求以质量计算(不扣除孔眼的质量,焊条、铆钉、螺栓等不另增加质量)。计量单位:t。

4. 钢桥架(010602004)

钢桥架工作内容:拼装,安装,探伤,补刷油漆。

钢桥架工程量,按不同桥架类型,钢材品种、规格,单榀质量,安装高度,螺栓种类,探伤要求以质量计算(不扣除孔眼的质量,焊条、铆钉、螺栓等不另增加质量)。计量单位:t。

8.6.3 钢柱

1. 实腹钢柱(010603001)

实腹钢柱工作内容:拼装,安装,探伤,补刷油漆。

实腹钢柱工程量,按不同柱类型,钢材品种、规格,单根柱质量,螺栓种类,探伤要求,防火要求以质量计算。不扣除孔眼的质量,焊条、铆钉、螺栓等不另增加质量,依附在钢柱上的牛腿及悬臂梁等并入钢柱工程量内。计量单位:t。

2. 空腹钢柱(010603002)

空腹钢柱工作内容与工程量计算同实腹钢柱。

3. 钢管柱(010603003)

钢管柱工作内容:拼装,安装,探伤,补刷油漆。

钢管柱工程量,按不同钢材品种、规格,单根柱质量,螺栓种类,探伤要求,防火要求以质量计算。不扣除孔眼的质量,焊条、铆钉、螺栓等不另增加质量,钢管柱上的节点板、加强环、内衬管、牛腿等并入钢管柱工程量内。计量单位:t。

8.6.4 钢梁

1. 钢梁(010604001)

钢梁工作内容:拼装,安装,探伤,补刷油漆。

钢梁工程量,按不同梁类型,钢材品种、规格,单根质量,螺栓种类,安装高度,探伤要求,防火要求以质量计算。不扣除孔眼的质量,焊条、铆钉、螺栓等不另增加质量,制动梁、制动板、制动桁架、车挡并入钢吊车梁工程量内。计量单位:t。

2. 钢吊车梁(010604002)

钢吊车梁工作内容:拼装,安装,探伤,补刷油漆。

钢吊车梁工程量,按不同钢材品种、规格,单根质量,螺栓种类,安装高度,探伤要求,防火要求以质量计算。不扣除孔眼的质量,焊条、铆钉、螺栓等不另增加质量,依附在钢柱上的牛腿及悬臂梁等并入钢柱工程量内。计量单位:t。

8.6.5 钢板楼板、墙板

1. 钢板楼板(010605001)

钢板楼板工作内容:拼装,安装,探伤,补刷油漆。

钢板楼板工程量,按不同钢材品种、规格,钢板厚度,螺栓种类,防火要求以铺设水平投影面积计算(不扣除单个面积≤0.3m² 柱、垛及孔洞所占面积)。计量单位:m²。

2. 钢板墙板(010605002)

钢板墙板工作内容:拼装,安装,探伤,补刷油漆。

钢板墙板工程量,按不同钢材品种、规格,钢板厚度、复合板厚度,螺栓种类,复合板夹芯材料种类、层数、型号、规格,防火要求以铺挂面积计算。不扣除单个面积≤0.3m² 的梁、孔洞所占面积,包角、包边、窗台泛水等不另加面积。计量单位:m²。

8.6.6 钢构件

1. 钢支撑、钢拉条(010606001)

钢支撑、钢拉条工作内容:拼装,安装,探伤,补刷油漆。

钢支撑、钢拉条工程量,按不同钢材品种、规格,构件类型,安装高度,螺栓种类,探伤要求,防火要求以质量计算(不扣除孔眼的质量,焊条、铆钉、螺栓等不另增加质量)。计量单位:t。

2. 钢檩条（010606002）

钢檩条工作内容：拼装，安装，探伤，补刷油漆。

钢檩条工程量，按不同钢材品种、规格，构件类型，单根质量，安装高度，螺栓种类，探伤要求，防火要求以质量计算（不扣除孔眼的质量，焊条、铆钉、螺栓等不另增加质量）。计量单位：t。

3. 钢天窗架（010606003）

钢天窗架工作内容：拼装，安装，探伤，补刷油漆。

钢天窗架工程量，按不同钢材品种、规格，单榀质量，安装高度，螺栓种类，探伤要求，防火要求以质量计算（不扣除孔眼的质量，焊条、铆钉、螺栓等不另增加质量）。计量单位：t。

4. 钢挡风架（010606004）

钢挡风架工作内容：拼装，安装，探伤，补刷油漆。

钢挡风架工程量，按不同钢材品种、规格，单榀质量，螺栓种类，探伤要求，防火要求以质量计算（不扣除孔眼的质量，焊条、铆钉、螺栓等不另增加质量）。计量单位：t。

5. 钢墙架（010606005）

钢墙架工作内容与工程量计算同钢挡风架。

6. 钢平台（010606006）

钢平台工作内容：拼装，安装，探伤，补刷油漆。

钢平台工程量，按不同钢材品种、规格，螺栓种类，防火要求以质量计算（不扣除孔眼的质量，焊条、铆钉、螺栓等不另增加质量）。计量单位：t。

7. 钢走道（010606007）

钢走道工作内容与工程量计算同钢平台。

8. 钢梯（010606008）

钢梯工作内容：拼装，安装，探伤，补刷油漆。

钢梯工程量，按不同钢材品种、规格，钢梯形式，螺栓种类，防火要求以质量计算（不扣除孔眼的质量，焊条、铆钉、螺栓等不另增加质量)。计量单位:t。

9. 钢栏杆(010606009)

钢栏杆工作内容:拼装,安装,探伤,补刷油漆。

钢栏杆工程量,按不同钢材品种、规格,防火要求以质量计算(不扣除孔眼的质量,焊条、铆钉、螺栓等不另增加质量)。计量单位:t。

10. 钢漏斗(010606010)

钢漏斗工作内容:拼装,安装,探伤,补刷油漆。

钢漏斗工程量,按不同钢材品种、规格,漏斗、天沟形式,安装高度,探伤要求以质量计算(不扣除孔眼的质量,焊条、铆钉、螺栓等不另增加质量,依附漏斗或天沟的型钢并入漏斗或天沟工程量内)。计量单位:t。

11. 钢板天沟(010606011)

钢板天沟工作内容与工程量计算同钢漏斗。

12. 钢支架(010606012)

钢支架工作内容:拼装,安装,探伤,补刷油漆。

钢支架工程量,按不同钢材品种、规格,安装高度,防火要求以质量计算(不扣除孔眼的质量,焊条、铆钉、螺栓等不另增加质量)。计量单位:t。

13. 零星钢构件(010606013)

零星钢构件工作内容:拼装,安装,探伤,补刷油漆。

零星钢构件工程量,按不同构件名称,钢材品种、规格以质量计算(不扣除孔眼的质量,焊条、铆钉、螺栓等不另增加质量)。计量单位:t。

8.6.7 金属制品

1. 成品空调金属百页护栏(010607001)

成品空调金属百页护栏工作内容:安装,校正,预埋铁件及安螺栓。

成品空调金属百页护栏工程量,按不同材料品种、规格,边框材质以框外围展开面积计算。计量单位:m²。

2.成品栅栏(010607002)

成品栅栏工作内容:安装,校正,预埋铁件,安螺栓及金属立柱。

成品栅栏工程量,按不同材料品种、规格,边框及立柱型钢品种、规格以框外围展开面积计算。计量单位:m²。

3.成品雨篷(010607003)

成品雨篷工作内容:安装,校正,预埋铁件及安螺栓。

成品雨篷工程量,按不同材料品种、规格,雨篷宽度,晾衣杆品种、规格按接触边以米计算或以展开面积计算。计量单位:m、m²。

4.金属网栏(010607004)

金属网栏工作内容:安装,校正,安螺栓及金属立柱。

金属网栏工程量,按不同材料品种、规格,边框及立柱型钢品种、规格以框外围展开面积计算。计量单位:m²。

5.砌块墙钢丝网加固(010607005)

砌块墙钢丝网加固工作内容:铺贴,铆固。

砌块墙钢丝网加固工程量,按不同材料品种、规格,加固方式以砌块墙钢丝网加固面积计算。计量单位:m²。

6.后浇带金属网(010607006)

后浇带金属网工作内容与工程量计算同砌块墙钢丝网加固。

8.7　木结构工程

8.7.1　木屋架

1.木屋架(010701001)

木屋架工作内容:制作,运输,安装,刷防护材料。

木屋架工程量,按不同跨度,材料品种、规格,刨光要求,拉杆及夹板种类,防护材料种类以图示数量计算或以木屋架体积计算。计量单位:榀、m³。

2. 钢木屋架(010701002)

钢木屋架工作内容:制作,运输,安装,刷防护材料。

钢木屋架工程量,按不同跨度,木材品种、规格,刨光要求,钢材品种、规格,防护材料种类以图示数量计算。计量单位:榀。

8.7.2 木构件

1. 木柱(010702001)

木柱工作内容:制作,运输,安装,刷防护材料。

木柱工程量,按不同构件规格尺寸,木材种类,刨光要求,防护材料种类以木柱体积计算。计量单位:m³。

2. 木梁(010702002)

木梁工作内容与工程量计算同木柱。

3. 木檩(010702003)

木檩工作内容:制作,运输,安装,刷防护材料。

木檩工程量,按不同构件规格尺寸,木材种类,刨光要求,防护材料种类以木檩体积计算,以长度计算。计量单位:m³、m。

4. 木楼梯(010702004)

木楼梯工作内容:制作,运输,安装,刷防护材料。

木楼梯工程量,按不同楼梯形式,木材种类,刨光要求,防护材料种类以水平投影面积计算。不扣除宽度≤300mm的楼梯井,伸入墙内部分不计算。计量单位:m²。

5. 其他木构件(010702005)

其他木构件工作内容:制作,运输,安装,刷防护材料。

其他木构件工程量,按不同构件名称,构件规格尺寸,木材种类,刨光要求,防护材料种类以体积计算或以长度计算。计量单位:m³、m。

8.7.3　屋面木基层

屋面木基层(010703001)

屋面木基层工作内容:椽子制作、安装,望板制作、安装,顺水条和挂瓦条制作、安装,刷防护材料。

屋面木基层工程量,按不同椽子断面尺寸及椽距,望板材料种类、厚度,防护材料种类以斜面积计算。不扣除房上烟囱、风帽底座、风道、小气窗、斜沟等所占面积。小气窗的出檐部分不增加面积。计量单位:m^2。

8.8　屋面及防水工程

8.8.1　瓦、型材及其他屋面

1. 瓦屋面(010901001)

瓦屋面工作内容:砂浆制作、运输、摊铺、养护,安瓦、作瓦脊。

瓦屋面工程量,按不同瓦品种、规格,粘结层砂浆的配合比以斜面积计算(不扣除房上烟囱、风帽底座、风道、小气窗、斜沟等所占面积。小气窗的出檐部分不增加面积)。计量单位:m^2。

2. 型材屋面(010901002)

型材屋面工作内容:檩条制作、运输、安装,屋面型材安装,接缝、嵌缝。

型材屋面工程量,按不同型材品种、规格,金属檩条材料品种、规格,接缝、嵌缝材料种类以斜面积计算(不扣除房上烟囱、风帽底座、风道、小气窗、斜沟等所占面积。小气窗的出檐部分不增加面积)。计量单位:m^2。

3. 阳光板屋面(010901003)

阳光板屋面工作内容:骨架制作、运输、安装,刷防护材料、油漆,阳光板安装,接缝、嵌缝。

阳光板屋面工程量,按不同阳光板品种、规格,骨架材料品种、规格,接缝、嵌缝材料种类,油漆品种、刷漆遍数以斜面积计算(不扣除屋面面积≤0.3m²孔洞所占面积)。计量单位:m²。

4.玻璃钢屋面(010901004)

玻璃钢屋面工作内容:骨架制作、运输、安装、刷防护材料、油漆,玻璃钢制作、安装,接缝、嵌缝。

玻璃钢屋面工程量,按不同玻璃钢品种、规格,骨架材料品种、规格,玻璃钢固定方式,接缝、嵌缝材料种类,油漆品种、刷漆遍数以斜面积计算(不扣除屋面面积≤0.3m²孔洞所占面积)。计量单位:m²。

5.膜结构屋面(010901005)

膜结构屋面工作内容:膜布热压胶接,支柱(网架)制作、安装,膜布安装,穿钢丝绳、锚头锚固,锚固基座挖土、回填,刷防护材料,油漆。

膜结构屋面工程量,按不同膜布品种、规格,支柱(网架)钢材品种、规格,钢丝绳品种、规格,锚固基座做法,油漆品种、刷漆遍数以需要覆盖的水平投影面积计算。计量单位:m²。

8.8.2 屋面防水及其他

1.屋面卷材防水(010902001)

屋面卷材防水工作内容:基层处理,刷底油,铺油毡卷材、接缝。

屋面卷材防水工程量,按不同卷材品种、规格、厚度,防水层数,防水层做法以屋面卷材防水面积计算。计量单位:m²。

(1)斜屋顶(不包括平屋顶找坡)按斜面积计算,平屋顶按水平投影面积计算。

(2)不扣除房上烟囱、风帽底座、风道、屋面小气窗和斜沟所占面积。

(3)屋面的女儿墙、伸缩缝和天窗等处的弯起部分,并入屋面工程量内。

2.屋面涂膜防水(010902002)

屋面涂膜防水工作内容:基层处理,刷基层处理剂,铺布、喷涂防水层。

屋面涂膜防水工程量,按不同防水膜品种、涂膜厚度、遍数,增强材料种类以屋面卷材防水面积计算。计量单位:m^2。

(1)斜屋顶(不包括平屋顶找坡)按斜面积计算,平屋顶按水平投影面积计算。

(2)不扣除房上烟囱、风帽底座、风道、屋面小气窗和斜沟所占面积。

(3)屋面的女儿墙、伸缩缝和天窗等处的弯起部分,并入屋面工程量内。

3.屋面刚性层(010902003)

屋面刚性层工作内容:基层处理,混凝土制作、运输、铺筑、养护,钢筋制安。

屋面刚性层工程量,按不同刚性层厚度,混凝土强度等级,嵌缝材料种类,钢筋规格、型号以面积计算(不扣除房上烟囱、风帽底座、风道等所占面积)。计量单位:m^2。

4.屋面排水管(010902004)

屋面排水管工作内容:排水管及配件安装、固定,雨水斗、山墙出水口、雨水箅子安装,接缝、嵌缝,刷漆。

屋面排水管工程量,按不同排水管品种、规格,雨水斗、山墙出水口品种、规格,接缝、嵌缝材料种类,油漆品种、刷漆遍数以长度计算。如设计未标注尺寸,以檐口至设计室外散水上表面垂直距离计算。计量单位:m^2。

5.屋面排(透)气管(010902005)

屋面排(透)气管工作内容:排(透)气管及配件安装、固定,铁件制作、安装,接缝、嵌缝,刷漆。

170

屋面排（透）气管工程量,按不同排（透）气管品种、规格,接缝、嵌缝材料种类,油漆品种、刷漆遍数以屋面排（透）气管长度计算。计量单位:m^2。

6.屋面（廊、阳台）泄（吐）水管(010902006)

屋面（廊、阳台）泄（吐）水管工作内容:水管及配件安装、固定,接缝、嵌缝,刷漆。

屋面（廊、阳台）泄（吐）水管工程量,按不同吐水管品种、规格,接缝、嵌缝材料种类,吐水管长度,油漆品种、刷漆遍数以图示数量计算。计量单位:根、个。

7.屋面天沟、檐沟(010902007)

屋面天沟、檐沟工作内容:天沟材料铺设,天沟配件安装,接缝、嵌缝,刷防护材料。

屋面天沟、檐沟工程量,按不同材料品种、规格,接缝、嵌缝材料种类以展开面积计算。计量单位:m^2。

8.屋面变形缝(010902008)

屋面变形缝工作内容:清缝,填塞防水材料,止水带安装,盖缝制作、安装,刷防护材料。

屋面变形缝工程量,按不同嵌缝材料种类,止水带材料种类,盖缝材料,防护材料种类以屋面变形缝长度计算。计量单位:m。

8.8.3 墙面防水、防潮

1.墙面卷材防水(010903001)

墙面卷材防水工作内容:基层处理,刷粘结剂,铺防水卷材,接缝、嵌缝。

墙面卷材防水工程量,按不同卷材品种、规格、厚度,防水层数,防水层做法以墙面卷材防水面积计算。计量单位:m^2。

2.墙面涂膜防水(010903002)

墙面涂膜防水工作内容:基层处理,刷基层处理剂,铺布、喷涂防水层。

墙面涂膜防水工程量,按不同防水膜品种、涂膜厚度、遍数,增强材料种类以墙面涂膜防水面积计算。计量单位:m^2。

3.墙面砂浆防水(防潮)(010903003)

墙面砂浆防水(防潮)工作内容:基层处理,挂钢丝网片,设置分格缝,砂浆制作、运输、摊铺、养护。

墙面砂浆防水(防潮)工程量,按不同防水层做法,砂浆厚度、配合比,钢丝网规格以墙面砂浆防水(防潮)面积计算。计量单位:m^2。

4.墙面变形缝(010903004)

墙面变形缝工作内容:清缝,填塞防水材料,止水带安装,盖缝制作、安装,刷防护材料。

墙面变形缝工程量,按不同嵌缝材料种类,止水带材料种类,盖缝材料,防护材料种类以墙面变形缝长度计算。计量单位:m。

8.8.4 楼(地)面防水、防潮

1.楼(地)面卷材防水(010904001)

楼(地)面卷材防水工作内容:基层处理,刷粘结剂,铺防水卷材,接缝、嵌缝。

楼(地)面卷材防水工程量,按不同卷材品种、规格、厚度,防水层数,防水层做法,反边高度以楼(地)面卷材防水面积计算。计量单位:m^2。

(1)楼(地)面防水:按主墙间净空面积计算,扣除突出地面的构筑物、设备基础等所占面积,不扣除间壁墙及单个面积≤0.3m^2柱、垛、烟囱和孔洞所占面积。

(2)楼(地)面防水反边高度≤300mm算作地面防水,反边高度>300mm算作墙面防水。

2.楼(地)面涂膜防水(010904002)

楼(地)面涂膜防水工作内容:基层处理,刷基层处理剂,铺布、

喷涂防水层。

楼(地)面涂膜防水工程量,按不同防水膜品种,涂膜厚度、遍数,增强材料种类,反边高度以楼(地)面涂膜防水面积计算。计量单位:m²。

楼(地)面涂膜防水面积算法同楼(地)面卷材防水面积算法。

3. 楼(地)面砂浆防水(防潮)(010904003)

楼(地)面砂浆防水(防潮)工作内容:基层处理,砂浆制作、运输、摊铺、养护。

楼(地)面砂浆防水(防潮)工程量,按不同防水层做法,砂浆厚度、配合比,反边高度以楼(地)面砂浆防水(防潮)面积计算。计量单位:m²。

楼(地)面砂浆防水(防潮)面积算法同楼(地)面卷材防水面积算法。

4. 楼(地)面变形缝(010904004)

楼(地)面变形缝工作内容:清缝,填塞防水材料,止水带安装,盖缝制作、安装,刷防护材料。

楼(地)面变形缝工程量,按不同嵌缝材料种类,止水带材料种类,盖缝材料,防护材料种类以楼(地)面变形缝长度计算。计量单位:m。

8.9 保温、隔热、防腐工程

8.9.1 保温、隔热

1. 保温隔热屋面(011001001)

保温隔热屋面工作内容:基层清理,刷粘结材料,铺粘保温层,铺、刷(喷)防护材料。

保温隔热屋面工程量,按不同保温隔热材料品种、规格、厚度,隔气层材料品种、厚度,粘结材料种类、做法,防护材料种类、做法以面积计算(扣除面积 >0.3m² 孔洞及占位面积)。计量单位:m²。

2. 保温隔热天棚(011001002)

保温隔热天棚工作内容:基层清理,刷粘结材料,铺粘保温层,铺、刷(喷)防护材料。

保温隔热天棚工程量,按不同保温隔热面层材料品种、规格、性能,保温隔热材料品种、规格及厚度,粘结材料种类及做法,防护材料种类及做法以面积计算(扣除面积 >0.3m² 上柱、垛、孔洞所占面积)。计量单位:m²。

3. 保温隔热墙面(011001003)

保温隔热墙面工作内容:基层清理,刷界面剂,安装龙骨,填贴保温材料,保温板安装,粘贴面层,铺设增强格网,抹抗裂、防水砂浆面层,嵌缝,铺、刷(喷)防护材料。

保温隔热墙面工程量,按不同保温隔热部位,保温隔热方式,踢脚线、勒脚线保温做法,龙骨材料品种、规格,保温隔热面层材料品种、规格、性能,保温隔热材料品种、规格及厚度,增强网及抗裂防水砂浆种类,粘结材料种类及做法,防护材料种类及做法以面积计算(扣除门窗洞口以及面积 >0.3m² 梁、孔洞所占面积;门窗洞口侧壁以及与墙相连的柱时,并入保温墙体工程量内)。计量单位:m²。

4. 保温柱、梁(011001004)

保温柱、梁工作内容与保温隔热墙面工作内容相同。

保温柱、梁工程量,按不同保温隔热部位,保温隔热方式,踢脚线、勒脚线保温做法,龙骨材料品种、规格,保温隔热面层材料品种、规格、性能,保温隔热材料品种、规格及厚度,增强网及抗裂防水砂浆种类,粘结材料种类及做法,防护材料种类及做法以面积计算。计量单位:m²。

(1)柱按设计图示柱断面保温层中心线展开长度乘保温层高度以面积计算,扣除面积 >0.3m² 梁所占面积;

（2）梁按设计图示梁断面保温层中心线展开长度乘保温层长度以面积计算。

5.保温隔热楼地面（011001005）

保温隔热楼地面工作内容：基层清理,刷粘结材料,铺粘保温层,铺、刷（喷）防护材料。

保温隔热楼地面工程量,按不同保温隔热部位,保温隔热材料品种、规格、厚度,隔气层材料品种、厚度,粘结材料种类、做法,防护材料种类、做法以面积计算（扣除面积 $> 0.3 m^2$ 柱、垛、孔洞所占面积。门洞、空圈、暖气包槽、壁龛的开口部分不增加面积）。计量单位:m^2。

6.其他保温隔热（011001006）

其他保温隔热工作内容：基层清理,刷界面剂,安装龙骨,填贴保温材料,保温板安装,粘贴面层,铺设增强格网、抹抗裂防水砂浆面层,嵌缝,铺、刷（喷）防护材料。

其他保温隔热工程量,按不同保温隔热部位,保温隔热方式,隔气层材料品种、厚度,保温隔热面层材料品种、规格、性能,保温隔热材料品种、规格及厚度,粘结材料种类及做法,增强网及抗裂防水砂浆种类,防护材料种类及做法以展开面积计算（扣除面积 $> 0.3 m^2$ 孔洞及占位面积）。计量单位:m^2。

8.9.2 防腐面层

1.防腐混凝土面层（011002001）

防腐混凝土面层工作内容：基层清理,基层刷稀胶泥,混凝土制作、运输、摊铺、养护。

防腐混凝土面层工程量,按不同防腐部位,面层厚度,混凝土种类,胶泥种类、配合比以防腐混凝土面层面积计算。计量单位:m^2。

（1）平面防腐:扣除突出地面的构筑物、设备基础等以及面积 $> 0.3 m^2$ 孔洞、柱、垛所占面积。

（2）立面防腐：扣除门、窗、洞口以及面积 $>0.3m^2$ 孔洞、梁所占面积，门、窗、洞口侧壁、垛突出部分按展开面积并入墙面积内。

2. 防腐砂浆面层（011002002）

防腐砂浆面层工作内容：基层清理，基层刷稀胶泥，砂浆制作、运输、摊铺、养护。

防腐砂浆面层工程量，按不同防腐部位，面层厚度，砂浆、胶泥种类、配合比以防腐砂浆面层面积计算。计量单位：m^2。

防腐砂浆面层面积计算规则同防腐混凝土面层面积计算规则。

3. 防腐胶泥面层（011002003）

防腐胶泥面层工作内容：基层清理，胶泥调制、摊铺。

防腐胶泥面层工程量，按不同防腐部位，面层厚度，胶泥种类、配合比以防腐胶泥面层面积计算。计量单位：m^2。

防腐胶泥面层面积计算规则同防腐混凝土面层面积计算规则。

4. 玻璃钢防腐面层（011002004）

玻璃钢防腐面层工作内容：基层清理，刷底漆、刮腻子，胶浆配制、涂刷，粘布、涂刷面层。

玻璃钢防腐面层工程量，按不同防腐部位，玻璃钢种类，贴布材料的种类、层数，面层材料品种以玻璃钢防腐面层面积计算。计量单位：m^2。

玻璃钢防腐面层面积计算规则同防腐混凝土面层面积计算规则。

5. 聚氯乙烯板面层（011002005）

聚氯乙烯板面层工作内容：基层清理，配料、涂胶，聚氯乙烯板铺设。

聚氯乙烯板面层工程量，按不同防腐部位，面层材料品种、厚度，粘结材料种类以聚氯乙烯板面层面积计算。计量单位：m^2。

聚氯乙烯板面层面积计算规则同防腐混凝土面层面积计算规则。

176

6. 块料防腐面层(011002006)

块料防腐面层工作内容:基层清理,铺贴块料,胶泥调制、勾缝。

块料防腐面层工程量,按不同防腐部位,块料品种、规格,粘结材料种类,勾缝材料种类以块料防腐面层面积计算。计量单位:m²。

块料防腐面层面积计算规则同防腐混凝土面层面积计算规则。

7. 池、槽块料防腐面层(011002007)

池、槽块料防腐面层工作内容:基层清理,铺贴块料,胶泥调制、勾缝。

池、槽块料防腐面层工程量,按不同防腐池、槽名称、代号,块料品种、规格,粘结材料种类,勾缝材料种类以池、槽块料防腐面层展开面积计算。计量单位:m²。

8.9.3 其他防腐

1. 隔离层(011003001)

隔离层工作内容:基层清理、刷油,煮沥青,胶泥调制,隔离层铺设。

隔离层工程量,按不同隔离层部位,隔离层材料品种,隔离层做法,粘贴材料种类以隔离层面积计算。计量单位:m²。

(1)平面防腐:扣除突出地面的构筑物、设备基础等及面积 > 0.3m²孔洞、柱、垛所占面积。

(2)立面防腐:扣除门、窗、洞口及面积 > 0.3m²孔洞、梁所占面积,门、窗、洞口侧壁、垛突出部分按展开面积并入墙面积内。

2. 砌筑沥青浸渍砖(011003002)

砌筑沥青浸渍砖工作内容:基层清理,胶泥调制,浸渍砖铺砌。

砌筑沥青浸渍砖工程量,按不同砌筑部位,浸渍砖规格,胶泥种类,浸渍砖砌法以砌筑沥青浸渍砖体积计算。计量单位:m³。

3. 防腐涂料(011003003)

防腐涂料工作内容:基层清理,刮腻子,刷涂料。

防腐涂料工程量,按不同涂刷部位,基层材料类型,刮腻子的种类、遍数,涂料品种、刷涂遍数以防腐涂料面积计算。计量单位:m²。

防腐涂料面积计算规则同隔离层面积。

9 工程造价计算

9.1 工程造价组成

建筑工程造价由直接费、间接费、利润和税金组成。见图 9-1。

1. 直接费由直接工程费、措施费组成。

(1)直接工程费是指施工过程中耗费的构成工程实体的各项费用,包括人工费、材料费、施工机械费。①人工费是指直接从事建筑工程施工的生产工人开支的各项费用,内容包括:基本工资、工资性补贴、生产工人辅助工资、职工福利费、生产工人劳动保护费等。②材料费是指施工过程中耗费的构成工程实体的原材料、辅助材料、构配件、零件、半成品的费用,内容包括:材料原价(或供应价)、材料运杂费、运输损耗费、采购及保管费、检验试验费等。③施工机械费是指施工机械作业所发生的机械使用费以及机械安装、拆除和场外运费,内容包括:折旧费、大修理费、经常修理费、安拆费及场外运费、人工费、燃料动力费、养路费及车船使用税等。

(2)措施费是指为完成工程项目施工,发生于该工程施工前和施工过程中非工程实体项目的费用。

内容包括(通用项目):环境保护费、文明施工费、安全施工费、临时设施费、夜间施工费、二次搬运费、大型机械设备进出场及安拆费、混凝土和钢筋混凝土模板及支架费、脚手架费、已完工程及设备保护费、施工排水和降水费等。

2. 间接费由规费、企业管理费组成。

(1)规费是指政府和有关权力部门规定必须缴纳的费用,内容包括:工程排污费、工程定额测定费、社会保障费、住房公积金、危险作业意外伤害保险等。

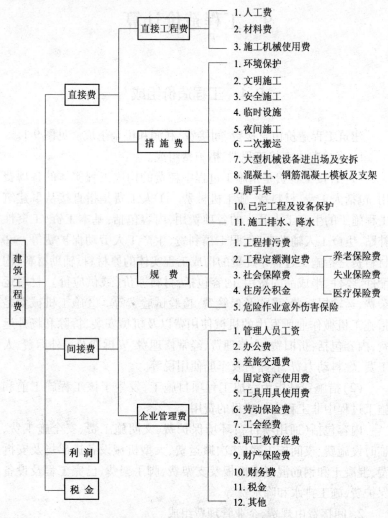

图 9-1　建筑工程造价构成图

（2）企业管理费是指建筑企业组织施工生产和经营管理所需费用,内容包括:管理人员工资、差旅交通费、办公费、固定资产使用费、劳动保险费、工具用具使用费、工会经费、职工教育经费、财产保险费、财务费、税金、其他。

3. 利润是指施工企业完成所承包工程获得的盈利。

4. 税金是指国家税法规定的应计入建筑工程造价内的营业税、城市维护建设税及教育费附加等。

建筑工程造价除以建筑面积即为经济指标。

9.2　建筑工程造价计算

9.2.1　一般土建工程分类

一般土建工程是指工业与民用建筑、构筑物的新建、扩建工程。

一般土建工程划分为五个类别,类别划分见表9-1。

表9-1　一般土建工程类别划分

项 目		一类	二类	三类	四类	五类
多层工业与民用建筑	檐口高度(m)	≥40	≥28	≥24	≥12	<12
	层数	≥15	≥10	≥8	≥4	<4
	建筑面积(m²)	≥10000	≥7000	≥5000		
	其他(地下停车场、商场)(m²)	≥2000	<2000			
单层工业建筑	檐口高度(m)	≥24	≥18	≥15	≥9	<9
	单跨跨度(m)	≥36	≥24	≥18	≥12	<12
	其他(锯齿形屋架跨度)(m²)	≥24	≥18			
构筑物	水塔体积(m³)	≥500	≥400	≥300	≥200	<200
	砖烟囱高度(m)	≥60	≥50	≥40	≥30	<30
	钢筋混凝土烟囱高度(m)	≥210	≥150	≥100	≥80	<80
	贮仓(含相连建筑)高度(m)	≥35	<35	砖筒仓		
	贮水池容积(m³)	≥1000	≥600	<600		
	其他		栈桥	路面		

注:钢筋混凝土结构的别墅不低于四类。

同一种类别有几个指标，以符合其中一个指标为准。

一个单位工程由不同结构形式组成时，以占面积最大类别为准。

多层工业建筑有声光、超净、无菌等特殊要求的，按一类为准，但有特殊要求所占的面积也必须是最多或最少必须有一层。

砖混、砖木、砖石结构的民用建筑（影剧院除外）不得超过四类，即当砖混、砖木、砖石结构民用建筑按檐高、层数、建筑面积等若够一、二、三类时，也只能按四类为准。底层是框架、上部为砖混结构的工程，按工程类别划分表中的相应指标确定工程类别。

檐口高度及层数说明：

(1)无组织排水的檐口高度从设计室外地坪到屋面板顶；

(2)有组织排水的檐口高度从设计室外地坪到天沟或檐沟板底；

(3)影剧院以舞台的檐口高度为准；

(4)层高超过2.2m的地下室与地面部分共同计算层数；

(5)多跨单层工业建筑部分以最高檐口、最大跨度为准。与单层工业建筑相连的砖混结构的生活间、办公室、仓库等附属建筑按四类为准；

(6)不能计算建筑面积的范围，也不计算层数；

(7)檐口高度与层数不包括突出屋面的能计算建筑面积的部分，如屋面上水箱间等。

9.2.2 一般土建工程造价计算

一般土建工程造价等于直接费、间接费、利润及税金之和。

9.2.2.1 直接费

直接费等于直接工程费及措施费之和。

直接工程费 = 人工费 + 材料费 + 施工机械使用费

(1)人工费

$$人工费 = \sum(工日消耗量 \times 日工资单价)$$

$$日工资单价(G) = \sum_1^5 G$$

①基本工资

$$基本工资(G_1) = \frac{生产工人平均月工资}{年平均每月法定工作日}$$

②工资性补贴

$$工资性补贴(G_2) = \frac{\sum 年发放标准}{全年日历日 - 法定假日} +$$

$$\frac{\sum 月发放标准}{年平均每月法定工作日} + 每工作日发放标准$$

③生产工人辅助工资

$$生产工人辅助工资(G_3) = \frac{全年无效工作日 \times (G_1 + G_2)}{全年日历日 - 法定假日}$$

④职工福利费

$$职工福利费(G_4) = (G_1 + G_2 + G_3) \times 福利费计提比例(\%)$$

⑤生产工人劳动保护费

$$生产工人劳动保护费(G_5) = \frac{生产工人年平均支出劳动保护费}{全年日历日 - 法定假日}$$

(2)材料费

$$材料费 = \sum (材料消耗量 \times 材料基价) + 检验试验费$$

①材料基价

$$材料基价 = [(供应价格 + 运杂费) \times (1 + 运输损耗率(\%))] \times (1 + 采购保管费率(\%))$$

②检验试验费

检验试验费 $= \sum$（单位材料量检验试验费×材料消耗量）

（3）施工机械使用费

施工机械使用费 $= \sum$（施工机械台班消耗量×机械台班单价）

台班单价 = 台班折旧费 + 台班大修费 + 台班经常修理费 + 台班安拆费及场外运费 + 台班人工费 + 台班燃料动力费 + 台班养路费及车船使用税

措施费 = 所含 11 项内容的费用之和

这里只列通用措施费项目的计算方法，各专业工程的专用措施费项目的计算方法由各地区或国务院有关专业管理部门的工程造价管理机构自行制定。

（1）环境保护

环境保护费 = 直接工程费×环境保护费费率（%）

$$环境保护费费率（\%）= \frac{本项费用年度平均支出}{全年建安产值×直接工程费占总造价比例（\%）}$$

（2）文明施工

文明施工费 = 直接工程费×文明施工费费率（%）

$$文明施工费费率（\%）= \frac{本项费用年度平均支出}{全年建安产值×直接工程费占总造价比例（\%）}$$

（3）安全施工

安全施工费 = 直接工程费×安全施工费费率（%）

$$安全施工费费率（\%）= \frac{本项费用年度平均支出}{全年建安产值×直接工程费占总造价比例（\%）}$$

（4）临时设施费

临时设施费由以下三部分组成：

①周转使用临建（如活动房屋）

②一次性使用临建（如简易建筑）

③其他临时设施(如临时管线)

临时设施费 = (周转使用临建费 + 一次性使用临建费) × (1 + 其他临时设施所占比例(%))

其中:

①周转使用临建费

$$周转使用临建费 = \sum \left[\frac{临建面积 \times 每平方米造价}{使用年限 \times 365 \times 利用率(\%)} \times 工期(天) \right] + 一次性拆除费$$

②一次性使用临建费

$$一次性使用临建费 = \sum 临建面积 \times 每平方米造价 \times [1 - 残值率(\%)] + 一次性拆除费$$

③其他临时设施在临时设施费中所占比例,可由各地区造价管理部门依据典型施工企业的成本资料经分析后综合测定。

(5)夜间施工增加费

$$夜间施工增加费 = \left(1 - \frac{合同工期}{定额工期}\right) \times \frac{直接工程费中的人工费合计}{平均日工资单价} \times 每工日夜间施工费开支$$

(6)二次搬运费

$$二次搬运费 = 直接工程费 \times 二次搬运费费率(\%)$$

$$二次搬运费费率(\%) = \frac{年平均二次搬运费开支额}{全年建安产值 \times 直接工程费占总造价的比例(\%)}$$

(7)大型机械进出场及安拆费

$$大型机械进出场及安拆费 = \frac{一次进出场及安拆费 \times 年平均安拆次数}{年工作台班}$$

(8)混凝土、钢筋混凝土模板及支架

①模板及支架费 = 模板摊销量 × 模板价格 + 支、拆、运输费

摊销量 = 一次使用量 × (1 + 施工损耗) × [1 + (周转次数 - 1) ×

补损率/周转次数 - (1 - 补损率)50%/周转次数]

②租赁费 = 模板使用量 × 使用日期 × 租赁价格 + 支、拆、运输费

(9)脚手架搭拆费

①脚手架搭拆费 = 脚手架摊销量 × 脚手架价格 + 搭、拆、运输费

$$脚手架摊销量 = \frac{单位一次使用量 × (1 - 残值率)}{耐用期 ÷ 一次使用期}$$

②租赁费 = 脚手架每日租金 × 搭设周期 + 搭、拆、运输费

(10)已完工程及设备保护费

已完工程及设备保护费 = 成品保护所需机械费 + 材料费 + 人工费

(11)施工排水、降水费

排水降水费 = ∑ 排水降水机械台班费 × 排水降水周期 +

排水降水使用材料费、人工费

9.2.2.2 间接费

间接费的计算方法按取费基数的不同分为以下三种：

1. 以直接费为计算基础

间接费 = 直接费合计 × 间接费费率(%)

2. 以人工费和机械费合计为计算基础

间接费 = 人工费和机械费合计 × 间接费费率(%)

间接费费率(%) = 规费费率(%) + 企业管理费费率(%)

3. 以人工费为计算基础

间接费 = 人工费合计 × 间接费费率(%)

(1)规费费率

根据本地区典型工程发承包价的分析资料综合取定规费计算中

所需数据：

①每万元发承包价中人工费含量和机械费含量。

②人工费占直接费的比例。

③每万元发承包价中所含规费缴纳标准的各项基数。

规费费率的计算公式

Ⅰ以直接费为计算基础

$$规费费率(\%) = \frac{\sum 规费缴纳标准 \times 每万元发承包价计算基数}{每万元发承包价中的人工费含量} \times$$

人工费占直接费的比例(%)

Ⅱ以人工费和机械费合计为计算基础

$$规费费率(\%) = \frac{\sum 规费缴纳标准 \times 每万元发承包价计算基数}{每万元发承包价中的人工费含量和机械费含量} \times 100\%$$

Ⅲ以人工费为计算基础

$$规费费率(\%) = \frac{\sum 规费缴纳标准 \times 每万元发承包价计算基数}{每万元发承包价中的人工费含量} \times 100\%$$

(2)企业管理费费率

企业管理费费率计算公式

Ⅰ以直接费为计算基础

$$企业管理费费率(\%) = \frac{生产工人年平均管理费}{年有效施工天数 \times 人工单价} \times$$

人工费占直接费比例(%)

Ⅱ以人工费和机械费合计为计算基础

企业管理费费率(%)

$$= \frac{生产工人年平均管理费}{年有效施工天数 \times (人工单价 + 每一工日机械使用费)} \times 100\%$$

Ⅲ以人工费为计算基础

$$企业管理费费率(\%) = \frac{生产工人年平均管理费}{年有效施工天数 \times 人工单价} \times 100\%$$

9.2.2.3 利润

利润计算公式

见建筑工程计价程序

9.2.2.4 税金

税金计算公式

税金 = (税前造价 + 利润) × 税率(%)

税率

(1)纳税地点在市区的企业

$$税率(\%) = \frac{1}{1 - 3\% - (3\% \times 7\%) - (3\% \times 3\%)} - 1$$

(2)纳税地点在县城、镇的企业

$$税率(\%) = \frac{1}{1 - 3\% - (3\% \times 5\%) - (3\% \times 3\%)} - 1$$

(3)纳税地点不在市区、县城、镇的企业

$$税率(\%) = \frac{1}{1 - 3\% - (3\% \times 1\%) - (3\% \times 3\%)} - 1$$

9.2.3 建筑工程计价程序

根据原建设部第 107 号部令《建筑工程施工发包与承包计价管理办法》的规定,发包与承包价的计算方法分为工料单价法和综合单价法,分别介绍其计价程序。

9.2.3.1 工料单价法计价程序

工料单价法是以分部分项工程量乘以单价后的合计为直接工程费,直接工程费以人工、材料、机械的消耗量及其相应价格确定。直接工程费汇总后另加间接费、利润、税金生成工程发承包价,其计算程序分为三种。见表 9-2 ~ 表 9-4

表 9-2　以直接费为计算基础

序　号	费 用 项 目	计 算 方 法	备　　注
1	直接工程费	按预算表	
2	措施费	按规定标准计算	
3	小计	(1)+(2)	
4	间接费	(3)×相应费率	
5	利润	((3)+(4))×相应利润率	
6	合计	(3)+(4)+(5)	
7	含税造价	(6)×(1+相应税率)	

表 9-3　以人工费和机械费为计算基础

序　号	费 用 项 目	计 算 方 法	备　　注
1	直接工程费	按预算表	
2	其中人工费和机械费	按预算表	
3	措施费	按规定标准计算	
4	其中人工费和机械费	按规定标准计算	
5	小计	(1)+(3)	
6	人工费和机械费小计	(2)+(4)	
7	间接费	(6)×相应费率	
8	利润	(6)×相应利润率	
9	合计	(5)+(7)+(8)	
10	含税造价	(9)×(1+相应税率)	

表 9-4　以人工费为计算基础

序　号	费 用 项 目	计 算 方 法	备　　注
1	直接工程费	按预算表	
2	直接工程费中人工费	按预算表	
3	措施费	按规定标准计算	
4	措施费中人工费	按规定标准计算	
5	小计	(1)+(3)	
6	人工费小计	(2)+(4)	
7	间接费	(6)×相应费率	
8	利润	(6)×相应利润率	
9	合计	(5)+(7)+(8)	
10	含税造价	(9)×(1+相应税率)	

9.2.3.2 综合单价法计价程序

综合单价法是分部分项工程单价为全费用单价,全费用单价经综合计算后生成,其内容包括直接工程费、间接费、利润和税金(措施费也可按此方法生成全费用价格)。

各分项工程量乘以综合单价的合价汇总后,生成工程发承包价。

由于各分部分项工程中的人工、材料、机械含量的比例不同,各分项工程可根据其材料费占人工费、材料费、机械费合计的比例(以字母"C"代表该项比值)在以下三种计算程序中选择一种计算其综合单价。

(1)当 $C > C_0$(C_0 为本地区原费用定额测算所选典型工程材料费占人工费、材料费和机械费合计的比例)时,可采用以人工费、材料费、机械费合计为基数计算该分项的间接费和利润。见表9-5。

表9-5　以直接费为计算基础

序　号	费用项目	计算方法	备　注
1	分项直接工程费	人工费 + 材料费 + 机械费	
2	间接费	(1) × 相应费率	
3	利润	((1) + (2)) × 相应利润率	
4	合计	(1) + (2) + (3)	
5	含税造价	(4) × (1 + 相应税率)	

(2)当 $C < C_0$ 值的下限时,可采用以人工费和机械费合计为基数计算该分项的间接费和利润。见表9-6。

表9-6　以人工费和机械费为计算基础

序　号	费用项目	计算方法	备　注
1	分项直接工程费	人工费 + 材料费 + 机械费	
2	其中人工费和机械费	人工费 + 机械费	
3	间接费	(2) × 相应费率	
4	利润	(2) × 相应利润率	
5	合计	(1) + (3) + (4)	
6	含税造价	(5) × (1 + 相应税率)	

（3）如该分项的直接费仅为人工费,无材料费和机械费时,可采用人工费为基数计算该分项的间接费和利润。见表9-7。

表9-7 以人工费为计算基础

序 号	费用项目	计算方法	备 注
1	分项直接工程费	人工费＋材料费＋机械费	
2	直接工程费中人工费	人工费	
3	间接费	(2)×相应费率	
4	利润	(2)×相应利润率	
5	合计	(1)＋(3)＋(4)	
6	含税造价	(5)×(1＋相应税率)	

9.3 工程造价计算实例

其工程直接工程费为500万元,措施费为60万元,间接费率为15%,利润率为5%,相应税率为3.348%。按"工程单价法"以直接费为计算基础计算其工程造价。(万元保留两位小数,第三位四舍五入)。

【解】

（1）直接费＝直接工程费＋措施费＝500＋60＝560（万元）。

（2）间接费＝直接费×相应费率＝560×15%＝84（万元）。

（3）利润＝（直接费＋间接费）×相应利润率＝644×5%＝32.2（万元）。

（4）工程造价＝（直接费＋间接费＋利润）×（1＋相应税率）＝676.2×（1＋3.348%）≈698.84（万元）。

10 工程量清单计价

10.1 工程量清单计价模式的费用构成

工程量清单计价模式的费用构成包括分部分项工程费、措施项目费、其他项目费,以及规费和税金。见图 10-1。

(1)分部分项工程费

分部分项工程费是指完成在工程量清单列出的各分部分项清单工程量所需的费用。包括:人工费、材料费(消耗的材料费总和)、机械使用费、管理费、利润,以及风险费。

(2)措施项目费

措施项目费是由"措施项目一览表"确定的工程措施项目金额的总和。包括:人工费、材料费、机械使用费、管理费、利润,以及风险费。

(3)其他项目费

其他项目费是指预留金、材料购置费(仅指由招标人购置的材料费)、总承包服务费、零星工作项目费的估算金额等的总和。

(4)规费

规费是指政府和有关部门规定必须缴纳的费用的总和。

(5)税金

税金是指国家税法规定的应计入建筑工程造价内的营业税、城市维护建设税及教育费附加费用等的总和。

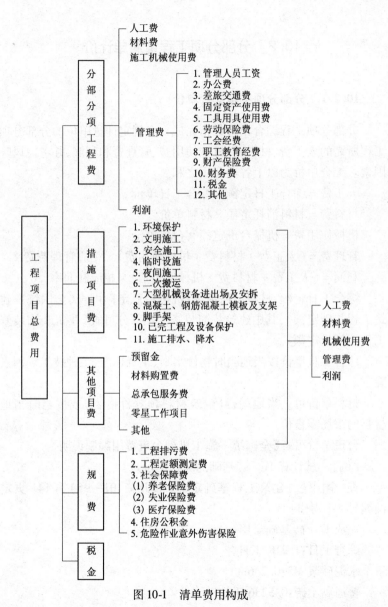

图 10-1 清单费用构成

10.2 分部分项工程量清单计价

10.2.1 分部分项工程综合单价

分部分项工程综合单价是指完成一个规定计量单位的分部分项工程所需的人工费、材料费、机械使用费、管理费和利润,并考虑风险因素。综合单价为以上各项费用之和。

人工费 = 综合工日定额 × 综合工日单价

材料费 = 材料消耗定额 × 材料单价

机械使用费 = 机械台班定额 × 台班单价

管理费 =(人工费 + 材料费 + 机械使用费)× 相应管理费费率

利润 =(人工费 + 材料费 + 机械使用费)× 相应利润率

综合工日定额、材料消耗定额、机械台班定额可查《全国统一建筑工程基础定额》,其中建筑装饰装修工程部分可查《建筑装饰装修工程消耗量定额》。

综合工日单价按当地当时物价水平、工资标准、工种技术等因素确定。

材料单价可查当地现行《建筑材料预算价格表》或按当时当地材料的市场零售价。

台班单价可查《全国统一施工机械台班费用编制说明》。

[例] 试计算 $1m^3$ 砖基础的综合单价。

查《全国统一建筑工程基础定额》(GJD—101—95)第 141 页定额编号 4-1 得出:

完成 $1m^3$ 砖基础需用:

综合工日:1.218 工日

水泥砂浆 M5:0.236m³

普通黏土砖:0.5236 千块

水:0.105m^3

灰浆搅拌机(200L):0.039 台班

基础定额上的计量单位为 l0m^3,现按 1m^3 折算成上述需用量。

综合工日单价为 30 元。

1m^3 水泥砂浆 M5 单价为 88.40 元。

千块普通黏土砖单价为 236 元。

1m^3 水单价为 1.50 元。

管理费费率为 34%。

利润率为 8%。

查《全国统一施工机械台班费用编制说明》(2001 版)第 108 页编码 06016,灰浆搅拌机(200L)台班单价为 51.49 元。

综合单价计算如下:

人工费 = 1.218 × 30 元 = 36.54(元)

材料费 = 0.236 × 88.40 元 + 0.5236 × 236 元 + 0.105 × 1.50 元
　　　　 = 20.86 元 + 123.57 元 + 0.16 元
　　　　 = 144.59(元)

机械使用费 = 0.039 × 51.49 元 = 2(元)

管理费 = (36.54 元 + 144.93 元 + 2 元) × 34%
　　　　 = 183.47 元 × 0.34 = 62.38(元)

利润 = (36.54 元 + 144.93 元 + 2 元) × 8%
　　　 = 183.47 元 × 0.08 = 14.68(元)

综合单价 = 36.54 元 + 144.59 元 + 2 元 + 62.38 元 + 14.68 元
　　　　　 = 260.19(元)

如果当地有现行的《××省建筑工程预算定额》,则人工费、材料费、机械使用费可直接从预算定额查取,不必再按各基础定额及单价计算。但必须注意预算定额上的计量单位要换算成工程量清单要求的计量单位。

各分部分项的综合单价组成及综合单价计算完后,应连同项目编码、项目名称、工程内容详细填入分部分项工程量清单综合单价分析表内。

10.2.2 分部分项工程量清单合价

分部分项工程的合价是分部分项工程量与综合单价之乘积,即:

合价 = 工程量 × 综合单价

[例] 现有砖基础 $53.2m^3$,试计算其合价,已知综合单价为 $260.53(元)$。

合价 = 53.2×260.53 元 = $13860.20(元)$

各个分部分项工程的合价相加成为分部分项工程量清单计价合计。

各分部分项工程合价计算完毕后,应连同项目编码、项目名称、计量单位、工程数量、综合单价详细填入分部分项工程清单计价表内,再把各分部分项工程的合价相加成合计,填入合计栏目中(表的右下角)。

10.3 措施项目清单计价

措施项目是指为完成工程项目施工,发生于该工程施工前和施工过程中技术、生活、安全等方面的非工程实体项目。

措施项目中分为通用项目和专业项目。通用项目是指各专业工程必须计价的措施项目;专业项目是指某个专业工程增设计价的措施项目。

通用项目有:

(1)环境保护;

(2)文明施工;

(3)安全施工;

(4)临时设施;

(5)夜间施工;

(6)二次搬运；

(7)大型机械设备进出场及安装拆除；

(8)混凝土、钢筋混凝土模板及支架；

(9)脚手架；

(10)已完工程及设备保护；

(11)施工排水、降水。

建筑工程专业项目：垂直运输机械。

10.3.1 环境保护计价

环境保护计价是指工程在施工过程中为保护周围环境所需的费用，一般是根据工程施工中排污、防噪声、防振动等情况进行费用估算，待竣工后按实际支出费用结算。

10.3.2 文明施工计价

文明施工计价是指工程施工过程中应达到上级主管部门颁布的文明施工要求所需的费用，一般可取分部分项工程量清单计价合计的0.8%左右。

10.3.3 安全施工计价

安全施工计价是指在工程施工过程中为保障施工人员的人身安全，而采取必要的安全保护措施所需的费用。一般可取分部分项工程量清单计价合计的0.8%左右，且与文明施工计价合计不超过分部分项工程量清单计价合计的1.6%。

10.3.4 临时设施计价

临时设施包括：临时宿舍、文化福利及公用事业房屋与构筑物、仓库、办公室、加工场地以及规定范围内的道路、便桥、围墙和施工用水、电及其他动力管线等。

临时设施计价是指临时设施的搭设、维修、拆除或摊销等所需的费用。

临时设施计价一般取分部分项工程量清单计价合计的 2.34%。如建设单位能提供一些房屋作为施工单位临时设施使用，则该临时设施计价应酌情降低。

10.3.5 夜间施工计价

夜间施工是指当晚 10 点钟至翌晨 6 点钟的时间进行施工。

夜间施工计价是指夜间施工所增加的费用，包括人工费、照明费、伙食费等。夜间施工的人工费不超过日班人工费的 2 倍。

夜间施工计价可预先估算，待竣工后，按夜间施工记录以实际发生的费用结算。

10.3.6 二次搬运计价

二次搬运计价是指建筑材料和设备首次搬运不到位，而发生再次搬运所增加的费用，仅包括增加的人工费及机械使用费。

二次搬运计价可预先估算，工程施工过程中如发生二次搬运应做好记录，工程竣工后，按实际发生的费用结算。

10.3.7 大型机械设备进出场及安拆计价

大型机械设备进出场及安拆计价应包括大型机械设备进出场费、安拆费、辅助设施费。

大型机械设备进出场费包括运输、装卸、辅助材料和架线等费用，可查《全国统一施工机械台班费用编制说明》得出台次单价。

大型机械设备安拆费包括施工现场机械安装和拆卸一次所需的人工费、材料费、机械费及试运转费等，可查《全国统一施工机械台班费用编制说明》得出台次单价。

大型机械设备辅助设施费包括基础、底座、固定锚桩、行走轨道枕木等的折旧、搭设和拆除等费用,可查《全国统一施工机械台班费用编制说明》得出单价。

10.3.8 混凝土、钢筋混凝土模板及其支架计价

混凝土、钢筋混凝土模板及其支架计价是指工程施工过程中为浇筑混凝土、钢筋混凝土结构构件而安装和拆除模板及其支架所需的费用。

模板及其支架计价＝工程量×综合单价

模板工程量计算规定:

(1)现浇混凝土及钢筋混凝土模板工程量,应区别模板的不同材质,按混凝土与模板接触面的面积计算。计量单位:m^2。

(2)现浇钢筋混凝土悬挑板模板工程量,应按悬挑板的外挑部分的水平投影面积计算,挑出墙外的挑梁及板边模板不另计算。计量单位:m^2。

(3)现浇钢筋混凝土楼梯模板工程量,应按楼梯露明部分的水平投影面积计算,不扣除≤500mm楼梯井所占面积,楼梯的踏步、梯板、平台梁等侧面模板不另计算。计量单位:m^2。

(4)预制钢筋混凝土构件模板工程量,按混凝土实体体积计算。计量单位:m^2。

综合单价计算方法如前所述。

模板及其支架计价的计算比较复杂。如施工单位近期施工过相似的模板工程,可按工程量大小对比,确定一个模板及其支架计价,或者取其综合单价,乘以拟建工程的模板工程量,得出模板及其支架计价。

10.3.9 脚手架计价

脚手架计价是指为工程施工需要而搭设和拆除脚手架所需的费用。

脚手架计价＝工程量×综合单价

(1)综合脚手架工程量,根据建筑结构的形式,檐口的高度,以

建筑面积计算。计量单位:m²。

(2)外脚手架工程量,按所服务对象的垂直投影面积计算。计量单位:m²。

(3)里脚手架工程量,按所服务对象的垂直投影面积计算。计量单位:m²。

(4)悬空脚手架工程量,按搭设水平投影面积计算。计量单位:m²。

(5)挑脚手架工程量,按搭设长度乘以搭设层数以延长米计算。计量单位:m。

(6)满堂脚手架工程量,按搭设的水平投影面积计算。计量单位:m²。

(7)整体提升架工程量,按所服务对象的垂直投影面积计算。计量单位:m²。

(8)外装饰吊篮工程量,按所服务对象的垂直投影面积计算。计量单位:m²。

(9)墙面脚手架工程量,按墙面水平边线长度乘以墙面砌筑高度计算。计量单位:m²。

(10)柱面脚手架工程量,按柱结构外围周长乘以柱砌筑高度计算。计量单位:m²。

10.3.10 已完工程及设备保护计价

已完工程及设备保护计价是指为保护已完工程及设备而发生的费用,包括人工费、材料费、管理费及利润。

已完工程及设备保护计价一般是采取估算方法,根据欲保护的工程量确定一个保护计价,以后也不调整。

10.3.11 施工排水、降水计价

施工排水、降水计价是指在工程施工过程中为排除地下水、降低

地下水位而发生的费用。包括人工费、材料费、机械使用费、管理费和利润。

排水、降水计价＝工程量×综合单价

（1）成井工程量，按设计图示尺寸以钻孔深度计算。计量单位：m。

（2）排水、降水工程量，按排、降水日历天数计算。计量单位：昼夜。

10.3.12　垂直运输机械计价

垂直运输机械计价是指工程施工过程中，为垂直运输材料、构件等而发生的费用，包括人工费、机械使用费、管理费和利润。

垂直运输机械计价应区别建筑工程垂直运输机械计价和装饰装修工程垂直运输机械计价分别计算。

垂直运输机械计价＝工程量×综合单价

计算建筑工程垂直运输机械计价时，工程量按建筑面积计算，综合工日定额及机械台班定额应查《全国统一建筑工程基础定额》。

计算装饰装修工程垂直运输机械计价时，工程量应按装饰装修工程的人工工日数计算，综合工日定额及机械台班定额应查《全国统一建筑装饰装修工程消耗量定额》。

综合单价计算如前所述。但少了一项材料费。综合单价为人工费、机械使用费、管理费和利润之和。

人工费＝综合工日定额×综合工日单价

机械使用费＝机械台班定额×台班单价

管理费＝（人工费＋机械使用费）×相应管理费费率

利润＝（人工费＋机械使用费）×相应利润率

10.3.13　室内空气污染测试计价

室内空气污染测试计价是指装饰装修工程完成后，为测定室内空气被污染的程度而发生的测定费用。

室内空气污染测试计价一般是预先估算,待正式测定时按实际开支的费用结算。

10.4 其他项目清单计价

其他项目计价包括预留金、材料购置费、总承包服务费、零星工作项目费等。

其他项目计价应区别招标人部分和投标人部分所列费用。

预留金是招标人为可能发生的工程量变更而预留的金额。

材料购置费是招标人为购置材料所需的费用。

总承包服务费是投标人为配合协调招标人进行的工程分包和材料采购所需的费用。

零星工作项目费是为完成招标人提出的,工程量暂估的零星工作所需的费用。零星工作项目计价应分别按人工、材料、机械计算,其工程量可估计,综合单价应计算。合价是工程量与综合单价之乘积。零星工作项目费应详细填入零星工作项目计价表内。

10.5 工程费汇总

10.5.1 单位工程费

单位工程费包括分部分项工程量清单计价合计、措施项目清单计价合计、其他项目清单计价合计、规费和税金。

前三项计价合计前面已叙述。

规费是指按规定支付劳动定额管理部门的定额测定费,以及按有关部门规定支付的上级管理费等。

税金是指国家税法规定的应计入工程费内的营业税、城市维护

建设税和教育费附加。

税金 = 不含税工程费 × 税率

不含税工程费是分部分项工程量清单计价合计、措施项目清单计价合计、其他项目清单计价合计三项费用之和。

组成单位工程费的各项费用应填入单位工程费汇总表内。

10.5.2 单项工程费

单项工程费是各个单位工程费的合计。

组成单项工程费的各个单位工程费应填入单项工程费汇总表内,包括单位工程名称及金额,各单位工程的金额合计即为单项工程费。

10.5.3 工程项目总价

工程项目总价是各个单项工程费的合计。

组成工程项目总价的各个单项工程费应填入工程项目总价表内,包括单项工程名称及金额,各单项工程的金额合计即为工程项目总价。

10.5.4 投标总价

投标人投的是单位工程标,投标总价为单位工程费。

投标人投的是单项工程标,投标总价为单项工程费。

投标人投的是工程项目标。投标总价为工程项目总价。

11　材料用量计算

11.1　材料用量计算式

要计算某个分部分项子目的材料需用量,应按该子目的名称、构造方法、施工条件等在基础定额本或预算定额本上查出该子目的材料耗用定额,再依据该子目的工程量,按下式计算出各种材料的需用量。

各种材料用量＝工程量×相应的材料耗用定额

计算出来的材料若是混合材料(如混凝土、砂浆等),应根据其配合比计算出组成原材料的用量。即:

各种原材料用量＝混合材料用量×相应原材料配合比

各子目所需材料用量计算出来后,应按不同材料名称、规格、标号等分别填入材料汇总表内,并按各种材料用量统计。用水量不必列项,按水表读数计费。

11.2　混凝土配合比表

表11-1至表11-5列出半干硬性混凝土低流动性混凝土、塑性混凝土、稀混凝土及泵送混凝土的配合比。根据混凝土品种、石子种类及粒径、混凝土强度等级,即可查得该混凝土在 $1m^3$ 体积中各种组成材料(水泥、砂、石、水)的用量,其中用水量仅指混凝土拌合用水量。

半干硬性混凝土适用于预制厂预制构件、基础、垫层等。

低流动混凝土适用于现浇梁、板、柱等。

塑性混凝土适用于薄壁、漏斗、筒仓、细柱等密肋构件。

稀混凝土适用于配筋特密的结构。

泵送混凝土适用于泵送浇筑的结构。

特别提示:此处所列混凝土配合比表仅供编制预算时计算材料用量,不能作为现场施工配合比,混凝土施工配合比应由施工企业材料试验室提供。

混凝土配合比表

表 11-1　半干硬性混凝土配合比

材　料	单位	砾　石　粒　径　10mm							
		C20		C25		C30		C35	C40	C50
42.5 水泥	kg	356		408	—	446				
52.5 水泥	kg	—	314	—	356	—	384	426	457	534
砂	m³	0.47	0.52	0.42	0.47	0.41	0.46	0.42	0.34	0.33
砾石 10mm	m³	0.82	0.82	0.82	0.83	0.83	0.83	0.84	0.84	0.84
水	m³	0.19	0.19	0.19	0.19	0.19	0.19	0.19	0.19	0.19

材　料	单位	砾　石　粒　径　20mm							
		C20		C25		C30		C35	C40	C50
42.5 水泥	kg	318	—	366	—	399		—	—	—
52.5 水泥	kg	—	280	—	318	—	344	374	409	477
砂	m³	0.46	0.51	0.42	0.46	0.37	0.43	0.41	0.37	0.32
砾石 20mm	m³	0.87	0.88	0.89	0.87	0.90	0.88	0.88	0.90	0.90
水	m³	0.17	0.17	0.17	0.17	0.17	0.17	0.17	0.17	0.17

材　料	单位	砾　石　粒　径　40mm							
		C20		C25		C30		C35	C40	C50
42.5 水泥	kg	299	—	344	—	376		—	—	—
52.5 水泥	kg	—	265	—	299	—	323	325	385	448
砂	m³	0.45	0.48	0.41	0.47	0.38	0.43	0.41	0.38	0.34
砾石 40mm	m³	0.90	0.89	0.90	0.88	0.92	0.90	0.90	0.91	0.91
水	m³	0.16	0.16	0.16	0.16	0.16	0.16	0.16	0.16	0.16

材　料	单位	碎　石　粒　径　15mm							
		C20		C25		C30		C35	C40	C50
42.5 水泥	kg	377	—	440	—	451				
52.5 水泥	kg	—	328	—	377	—	414	440	453	575
砂	m³	0.50	0.53	0.47	0.50	0.40	0.44	0.42	0.39	0.36
碎石 15mm	m³	0.77	0.78	0.76	0.77	0.80	0.80	0.80	0.80	0.78
水	m³	0.20	0.20	0.20	0.20	0.20	0.20	0.20	0.20	0.20

材　料	单位	碎　石　粒　径　20mm						
		C20		C25		C30	C35	C40	C50
42.5 水泥	kg	339	—	398	—	434	—	—	—	—
52.5 水泥	kg	—	297	—	340	—	374	398	444	519
砂	m³	0.48	0.50	0.45	0.48	0.43	0.45	0.44	0.40	0.35
碎石 20mm	m³	0.83	0.81	0.82	0.83	0.81	0.83	0.83	0.83	0.88
水	m³	0.18	0.18	0.18	0.18	0.18	0.18	0.18	0.18	0.18

材　料	单位	碎　石　粒　径　40mm					
		C10		C15		C20	
42.5 水泥	kg	249	—	282	—	312	—
52.5 水泥	kg		217		242		273
砂	m³	0.51	0.51	0.47	0.52	0.43	0.43
碎石 40mm	m³	0.85	0.83	0.88	0.86	0.89	0.89
水	m³	0.17	0.17	0.17	0.17	0.17	0.17

材　料	单位	碎　石　粒　径　40mm					
		C25		C30		C35	C40	C50
42.5 水泥	kg	366	—	399	—	—	—	—
52.5 水泥	kg	—	312	—	340	366	409	477
砂	m³	0.41	0.43	0.40	0.42	0.42	0.40	0.36
碎石 40mm	m³	0.88	0.89	0.86	0.88	0.87	0.85	0.89
水	m³	0.17	0.17	0.17	0.17	0.17	0.17	0.17

表 11-2　低流动混凝土配合比

材　料	单位	砾　石　粒　径　10mm						
		C20		C25		C30		C35	C40
42.5 水泥	kg	374	—	429	—	470	—	—	—
52.5 水泥	kg	—	331	—	374	—	404	439	481
砂	m³	0.46	0.49	0.42	0.44	0.38	0.42	0.41	0.41
砾石 10mm	m³	0.82	0.83	0.82	0.85	0.84	0.84	0.83	0.83
水	m³	0.20	0.20	0.20	0.20	0.20	0.20	0.20	0.20

材　料	单位	砾　石　粒　径　20mm						
		C15	C20		C25		C30	C35	C40
42.5 水泥	kg	303	336	—	386	—	423	—	—
52.5 水泥	kg	—		298	—	337	—	364	395	434
砂	m³	0.47	0.42	0.49	0.41	0.42	0.36	0.43	0.40	0.36
砾石 20mm	m³	0.86	0.89	0.85	0.88	0.89	0.89	0.86	0.87	0.88
水	m³	0.18	0.18	0.18	0.18	0.18	0.18	0.18	0.18	0.18

材　　料	单位	砾　石　粒　径　40mm							
		C15	C20		C25		C30	C35	C40
42.5 水泥	kg	286	318	—	366	—	—	—	—
52.5 水泥	kg	—	—	282	—	318	344	374	409
砂	m³	0.47	0.45	0.49	0.40	0.45	0.42	0.40	0.37
砾石 40mm	m³	0.88	0.88	0.86	0.89	0.89	0.89	0.90	0.91
水	m³	0.17	0.17	0.17	0.17	0.17	0.17	0.17	0.17

材　　料	单位	碎　石　粒　径　15mm						
		C20		C25		C30	C35	C40
42.5 水泥	kg	395	—	461	—	505	—	—
52.5 水泥	kg	—	345	—	395	—	434	462	517
砂	m³	0.46	0.48	0.40	0.46	0.38	0.42	0.40	0.39
砾石 15mm	m³	0.79	0.80	0.80	0.79	0.79	0.80	0.80	0.79
水	m³	0.21	0.21	0.21	0.21	0.21	0.21	0.21	0.21

材　　料	单位	碎　石　粒　径　20mm							
		C15	C20		C25		C30	C35	C40
42.5 水泥	kg	323	359	—	419	—	452	—	—
52.5 水泥	kg	—	—	310	—	359	—	394	419	451
砂	m³	0.49	0.46	0.51	0.42	0.43	0.38	0.43	0.40	0.32
碎石 20mm	m³	0.82	0.83	0.80	0.83	0.84	0.83	0.83	0.83	0.84
水	m³	0.19	0.19	0.19	0.19	0.19	0.19	0.19	0.19	0.19

材　　料	单位	碎　石　粒　径　40mm							
		C15	C20		C25		C30	C35	C40
42.5 水泥	kg	391	321	—	376	—	411	—	—
52.5 水泥	kg	—	—	281	—	321	—	354	384	421
砂	m³	0.49	0.46	0.48	0.43	0.46	0.39	0.43	0.43	0.37
碎石 40mm	m³	0.86	0.87	0.87	0.87	0.87	0.88	0.89	0.86	0.89
水	m³	0.17	0.17	0.17	0.17	0.17	0.17	0.17	0.17	0.17

表 11-3　塑性混凝土配合比

材　　料	单位	砾　石　粒　径　10mm					
		C20		C25		C30	C35
42.5 水泥	kg	393	—	451	—	—	—
52.5 水泥	kg	—	343	—	393	424	461
砂	m³	0.46	0.48	0.41	0.46	0.41	0.39
砾石 10mm	m³	0.81	0.82	0.82	0.81	0.83	0.83
水	m³	0.21	0.21	0.21	0.21	0.21	0.21

材　料	单位	砾　石　粒　径　20mm				
		C20		C25		C30	C35
42.5 水泥	kg	356	—	408	—	—	—
52.5 水泥	kg	—	306	—	356	384	417
砂	m³	0.47	0.50	0.42	0.43	0.42	0.40
砾石 20mm	m³	0.83	0.84	0.85	0.87	0.86	0.86
水	m³	0.19	0.19	0.19	0.19	0.19	0.19

材　料	单位	碎　石　粒　径　15mm				
		C20		C25		C30	C35
42.5 水泥	kg	414	—	484	—	—	—
52.5 水泥	kg	—	361	—	414	455	484
砂	m³	0.45	0.49	0.41	0.41	0.43	0.40
碎石 15mm	m³	0.79	0.79	0.77	0.78	0.78	0.79
水	m³	0.22	0.22	0.22	0.22	0.22	0.22

材　料	单位	碎　石　粒　径　20mm				
		C20		C25		C30	C35
42.5 水泥	kg	377	—	440	—	—	—
52.5 水泥	kg	—	329	—	377	414	440
砂	m³	0.45	0.49	0.40	0.45	0.41	0.40
碎石 20mm	m³	0.82	0.81	0.81	0.78	0.83	0.82
水	m³	0.20	0.20	0.20	0.20	0.20	0.20

表 11-4　稀混凝土配合比

材　　料	单位	砾　石　粒　径　10mm				砾　石　粒　径　20mm			
		C20		C25		C20		C25	
42.5 水泥	kg	402	—	461	—	365	—	415	—
52.5 水泥	kg	—	351	—	402	—	315	—	361
砂	m³	0.42	0.45	0.39	0.42	0.41	0.45	0.38	0.42
砾石 10mm	m³	0.84	0.84	0.82	0.84	—	—	—	—
砾石 20mm	m³	—	—	—	—	0.88	0.88	0.88	0.88
水	m³	0.21	0.21	0.21	0.21	0.19	0.19	0.19	0.19

材　　料	单位	碎　石　粒　径　15mm				碎　石　粒　径　20mm			
		C20		C25		C20		C25	
42.5 水泥	kg	431	—	505	—	395	—	461	—
52.5 水泥	kg	—	377	—	431	—	344	—	395
砂	m³	0.41	0.49	0.41	0.45	0.46	0.51	0.41	0.46
碎石 15mm	m³	0.76	0.75	0.75	0.76	—	—	—	—
碎石 20mm	m³	—	—	—	—	0.79	0.79	0.79	0.79
水	m³	0.23	0.23	0.23	0.23	0.21	0.21	0.21	0.21

表 11-5　泵送混凝土配合比

材　料	单位	砾　石　粒　径　10mm					
		C20		C25		C30	
42.5 水泥	kg	421	—	483	—	528	—
52.5 水泥	kg	—	367	—	421	—	450
砂	m³	0.42	0.45	0.38	0.41	0.36	0.40
砾石 10mm	m³	0.81	0.81	0.81	0.81	0.80	0.81
水	m³	0.22	0.22	0.22	0.22	0.22	0.22

材　料	单位	砾　石　粒　径　20mm					
		C20		C25		C30	C35
42.5 水泥	kg	384	—	440	—	—	—
52.5 水泥	kg	—	335	—	384	414	414
砂	m³	0.42	0.46	0.38	0.42	0.38	0.40
砾石 20mm	m³	0.85	0.85	0.85	0.85	0.87	0.85
水	m³	0.20	0.20	0.20	0.20	0.20	0.20

材　料	单位	碎　石　粒　径　15mm					
		C20		C25		C30	C35
42.5 水泥	kg	449	—	526	—	—	—
52.5 水泥	kg	—	393	—	449	495	538
砂	m³	0.52	0.54	0.49	0.51	0.50	0.48
碎石 15mm	m³	0.68	0.70	0.66	0.69	0.67	0.66
水	m³	0.24	0.24	0.24	0.24	0.24	0.24

材　料	单位	碎　石　粒　径　20mm					
		C20		C25		C30	C35
42.5 水泥	kg	414	—	484	—	—	—
52.5 水泥	kg	—	361	—	414	455	494
砂	m³	0.53	0.54	0.52	0.53	0.51	0.50
碎石 20mm	m³	0.70	0.70	0.67	0.71	0.72	0.68
水	m³	0.22	0.22	0.22	0.22	0.22	0.22

11.3　砂浆配合比表

　　表 11-6 列出砌筑用各种砂浆配合比；表 11-7 列出抹灰用各种砂浆配合比。根据砂浆种类、砂浆强度等级（或质量比），即可查得该砂浆在 1m³ 体积中各种组成材料的用量。其中用水量仅指砂浆

拌合用水量。

表 11-6 砌筑砂浆配合比

材料	单位	水　泥　砂　浆				
		M2.5	M5	M7.5	M10	M15
32.5 水泥	kg	(169)	(246)	—	—	—
42.5 水泥	kg	150	210	268	331	445
中砂	m³	1.02	1.02	1.02	1.02	1.02
水	m³	0.22	0.22	0.22	0.22	0.22

材　料	单位	水　泥　混　合　砂　浆				
		M1	M2.5	M5	M7.5	M10
32.5 水泥	kg	82	(147)	—	—	—
42.5 水泥	kg	—	117	194	261	326
中砂	m³	1.02	1.02	1.02	1.02	1.02
石灰膏	m³	0.23	0.18	0.14	0.09	0.04
水	m³	0.60	0.60	0.40	0.40	0.40

表 11-7 抹灰砂浆配合比

材　料	单位	水　泥　砂　浆				
		1:1	1:1.5	1:2	1:2.5	1:3
42.5 水泥	kg	765	644	557	490	408
粗砂	m³	0.64	0.81	0.94	1.03	1.03
水	m³	0.30	0.30	0.30	0.30	0.30

材　料	单位	水　泥　混　合　砂　浆				
		0.5:1:3	1:3:9	1:2:1	1:0.5:4	1:1:2
42.5 水泥	kg	185	130	340	306	382
石灰膏	m³	0.31	0.32	0.56	0.13	0.32
粗砂	m³	0.94	0.99	0.29	1.03	0.64
水	m³	0.60	0.60	0.60	0.60	0.60

材　料	单位	水　泥　混　合　砂　浆				
		1:1:6	1:0.5:1	1:0.5:3	1:1:4	1:0.5:2
42.5 水泥	kg	204	583	371	278	453
石灰膏	m³	0.17	0.24	0.15	0.23	0.19
粗砂	m³	1.03	0.49	0.94	0.94	0.76
水	m³	0.60	0.60	0.60	0.60	0.60

材　料	单位	石灰砂浆		石灰麻刀砂浆	麻刀石灰浆
		1：2.5	1：3	1：3	
石灰膏	m³	0.40	0.36	0.34	1.01
粗砂	m³	1.03	1.03	1.03	—
麻刀	kg	—	—	16.6	12.12
水	m³	0.60	0.60	0.60	0.50
42.5 水泥	kg	—	—	—	—

材　料	单位	水　泥　白　石　子　浆			水泥豆石浆
		1：1.5	1：2	1：2.5	1：1.25
42.5 水泥	kg	945	709	567	1135
白石子	kg	1189	1376	1519	—
小豆石	m³				0.69
水	m³	0.30	0.30	0.30	0.30

注:白水泥、彩色石浆配合比同本配合比,白水泥替换 42.5 水泥,彩色石子替换白石子。

11.4　材料用量计算实例

11.4.1　砌筑工程材料用量计算

【例】　现有单面清水砖墙(1 砖)780m³,求所需要材料量。

【解】

(1)查基础定额本第 141 页,每 10m³ 单面清水砖墙(1 砖)需用水泥混合砂浆(M2.5)为 2.25m³;普通黏土砖为 5.314 千块;水为 1.06m³。

现单面清水砖墙(1 砖)为 780m³,则:

水泥混合砂浆 = 78 × 2.25 = 175.5m³

普通黏土砖 = 78 × 5.314 = 414.492 千块

水 = 78 × 1.06 = 82.68m³

（2）查砌筑砂浆配合比，每 $1m^3$ 水泥混合砂浆（M2.5）中，42.5级水泥为 117kg；中砂为 $1.02m^3$；石灰膏为 $0.18m^3$；水为 $0.60m^3$。

现水泥混合砂浆为 $175.5m^3$，则：

42.5级水泥 $= 175.5 \times 117 = 20533.5$kg

中砂 $= 175.5 \times 1.02 = 179.01m^3$

石灰膏 $= 175.5 \times 0.18 = 31.59m^3$

水 $= 175.5 \times 0.60 = 105.3m^3$

（3）材料统计：

42.5级水泥 20533.5kg

中砂　　　　$179.01m^3$

石灰膏　　　$31.59m^3$

水　　　　　$187.98m^3$

普通黏土砖 414.492 千块

11.4.2　混凝土工程材料用量计算

【例】　现有现浇混凝土带形基础 $652m^3$，混凝土强度等级为 C20，碎石粒径 40mm，求所需要的材料量。

【解】

（1）查基础定额本第 273 页，每 $10m^3$ 户带形基础需用 C20 混凝土 $10.15m^3$；草袋 $2.52m^2$；水 $9.19m^3$。

现带形基础混凝土为 $652m^3$，则：

C20 混凝土 $= 65.2 \times 10.15 = 661.78m^3$

草袋 $= 65.2 \times 2.52 = 164.3m^2$

水 $= 65.2 \times 9.19 = 599.2m^3$

（2）查半干硬混凝土配合比，在 $1m^3$ 混凝土中，42.5级水泥为 312kg；砂 $0.43m^3$；40mm 碎石为 $0.89m^3$；水为 $0.17m^3$。

现 C20 混凝土为 $661.76m^3$，则 42.5级水泥 $= 661.78 \times 312 = 206475$kg

砂 = 661. 78 ×0. 43 = 284. 57m³

40mm 碎石 = 661. 78 ×0. 89 = 588. 98m³

水 = 661. 78 ×0. 17 = 112. 5m³

(3)材料统计：

42. 5 级水泥206475kg

砂　　　　284. 56m³

40 碎石　　588. 98m³

水　　　　711. 7m³

草袋　　　164. 3m²

12 建筑工程预算审核

12.1 预算差错及其原因

编制建筑工程预算,是一项繁琐、仔细的工作,要求预算编制人员具有相当的业务水平和高尚的职业道德。预算编制人员应持有预算上岗证,并要求具有中级技术职称。

由于预算编制人员自身业务知识水平不够或工作中疏忽,建筑工程预算书中往往在某些部分会发生差错。

建筑工程预算差错主要表现在以下几个方面:

1. 建筑面积算错

建筑面积计算错误主要原因是:建筑施工图(重点是平面图)上注明的具体尺寸没有看清楚;对于该计算面积的范围及不计算面积的范围不明确;数字演算上错误。

建筑面积算错举例:

(1)不封闭的挑阳台面积算成阳台的水平投影面积;而封闭的挑阳台面积算成阳台的水平投影面积的一半;

(2)楼梯面积算成楼梯水平投影面积乘建筑物层数;

(3)把外墙饰面层的厚度算入建筑面积内;

(4)将室外台阶的水平投影面积算入建筑面积内。

2. 分项子目列错

分项子目列错主要原因是:对该分项子目的工作内容不清楚;对该分项子目的构造做法、所用材料及机械不了解;对定额本上各个分部、分项、子目的划分不熟悉;列分项子目时心急慌忙,没有仔细看懂施工图。

分项子目列错举例：

（1）把同一工作内容的子目分成两个子目列出；

（2）遗忘应列上的分项子目；

（3）施工图上未注明的而施工实践中应该有的子目没有列上，例如：平整场地子目，施工图未注明，而施工实践中是一定要平整场地的；

（4）零星项目与装饰线条子目，两者混淆不清，概念模糊，该是零星项目而列成装饰线条或该是装饰线条而列成零星项目。

3. 工程量算错

工程量算错主要原因是：对于工程量计算规则不熟悉；数学公式用错；计算器上按键按错；工程量计算结果的计量单位与定额上所列的计量单位不一致；小数点位置搞错。

工程量算错举例：

（1）楼梯混凝土工程量按楼梯混凝土体积计算；

（2）该扣除的部分不扣，而不该扣的部分却扣除；

（3）砌体工程量计量单位用立方米，比定额上计量单位 $10m^3$ 扩大了 10 倍；抹灰工程量计量单位用 $10m^2$，比定额上计量单位 $100m^2$ 扩大了 10 倍。

4. 定额套错

分项子目的人工、材料、机械定额套用错误主要原因是：没有看清定额本上所示的各个子目的工作内容；对该分项子目的构造做法不清楚；没有进行必要的定额调整；没有列上该分项子目应增、减的定额；有套高不套低的欺骗行为。

定额套错举例：

（1）预制混凝土构件分类不当，把 Ⅱ 类构件当成 Ⅲ 类构件去套定额；

（2）天棚龙骨吊筋安装，没有按吊筋装置方法相应地增减人工

工日及增加材料用量;

（3）抹灰层实际厚度与定额本上所列抹灰层厚度不同时,未按抹灰层厚度增减进行定额调整。

5. 管理费用算错:

管理费用算错是指其间接费费率、利润率、税率等取错,以致这些费用算错。

管理费用算错主要原因是:各项费用的取费基础用错;各项费用的费率没有按规定取定;建筑工程类别不明确。

12.2 预算审核

12.2.1 预算审核步骤

为了及时纠正预算差错,使建筑工程预算能真实反映其工程造价,保护建设单位不受经济损失,扼制施工企业获取非法利益,建筑工程预算书必须进行审核。

建筑工程预算审核分自审、复核、审核三步进行。

自审是预算编制完成后,由编制人员自己将预算书从头到尾很仔细地审阅一遍,如发现有差错应立即纠正。在封面上编制人栏签名。

复核是编制人员所在的经营科室的主管领导（科长）,将预算书再重点地审阅一遍,有怀疑或发现有差错之处,请预算编制人员再复算一次,如实有差错应立即纠正。复核完毕并纠正差错后,在预算书封面上复核人栏签名,盖公章,送建设单位审核。

审核由建设单位基建科有关人员负责,对预算书再次进行审阅及复算。审核完毕,认为无误后,在封面上建设单位审核人栏签名,盖公章。建设单位预算审核至关重要,这涉及建筑工程造价及工程款支付,不可马虎。

当前,少数施工企业的包工头,为了承包工程到手,向建设单位主管基建人员塞红包、送回扣:实际上施工企业包工头是不会吃亏的,羊毛总是出在羊身上,他们把预算胡算一通,把工程造价抬高,抬高的造价要比回扣部分还高得多,建设单位基建人员吃了他们回扣,嘴软手抖,糊里糊涂签个字就把高额工程造价的预算通过了。这样,国家的建设资金就到了个人腰包,个人肥了,国家受损。基建主管人员的渎职、受贿,包工头的行贿,都应该受到法律制裁。

12.2.2 预算审核方法

建筑工程预算审核方法,根据建设单位基建科室人员的业务能力,有以下三种审核方法可选其一。

1. 全面审核法

全面审核法是建设单位基建科室人员将建筑工程预算另编制一份,把这份预算书逐项对比,对比内容包括:分部分项子目名称、各子目的工程量、各子目的基价(人工费单价、材料费单价及机械费单价之和)、直接费、间接费、利润、税金、工程造价等。如两者数值相差很多(相差 5% 以上),则记下该项目,以后双方再重算,以决定正确的数值。

采用全面审核法审核预算,要求基建科室人员具有相当预算编制业务知识,能够在较短时间内拿出建筑工程预算书来,而且基建科预算编制人员的技术职称不低于施工企业经营科预算编制人员的技术职称。

2. 重点审核法

重点审核法是建设单位基建科人员将建筑工程预算书中的重点项目重新计算一次,包括重点项目的工程量、基价、总价等。重点项目是指工程量大、总价高的项目。对比两者计算结果,如两者数值相差很多,则记下该子目,以后双方再复算,以决定正确的数值。

重点审核法的缺点是只能发现重点项目的差错,而不能发现工程量较小、总价较低项目的差错。预算差错不可能全部纠正。此法仅用于建设单位基建科人员少，且这些人员对预算编制业务知识不甚精通的情况。

3. 委托审核法

建设单位接到施工企业送来建筑工程预算书后，自身没有能力去审核预算，而是送到建筑审计事务所或建筑工程咨询服务公司去，请他们来进行预算审核。同时也送去整套施工图纸及有关资料文件。预算审核完后，建设单位按工程造价的百分比支付给预算审核单位一笔服务费（工程造价越高比率越小）。这种方法是建设单位出钱不出力，完全听从对方对预算的审核意见。

委托审核法适用于建设单位基建科人员少且这些人员不太懂预算编制业务的情况下，是迫不得已、出于无奈的行为。

采用委托审核法时，建设单位最好有一个该工程的造价控制数，以预算的工程造价不超过工程造价控制数为准。

在审核预算过程中，如再发现差错，应将有差错的项目归纳集中，择时召开预算审改会议，建设单位、施工企业的有关人员共同参加认真研究差错项目的原因及修改办法，必要时在会后再仔细复算，一定要把差错的项目改正确。双方应本着实事求是的精神，对工程负责的态度，发扬高尚的职业道德，共同编制并审核好工程预算，坚决抵制一切不正之风。

13 工程预算编制实例

现有图书楼一幢,其建筑、结构图见附图 13-1 ~ 附图 13-9。

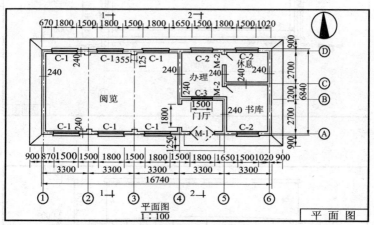

图 13-1 平面图

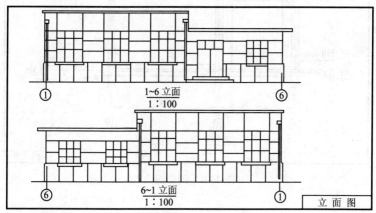

图 13-2 立面图

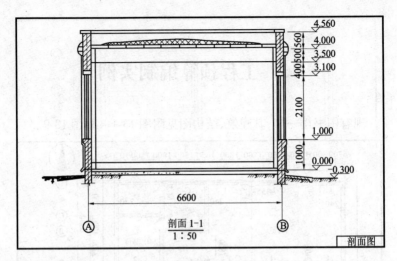

图 13-3 剖面图 1-1

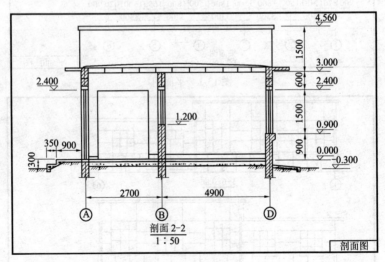

图 13-4 剖面图 2-2

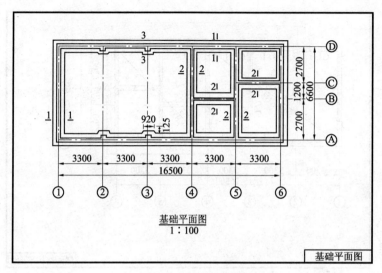

图 13-5　基础平面图

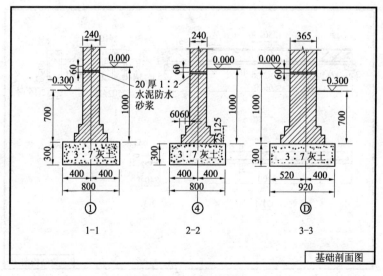

图 13-6　基础剖面图

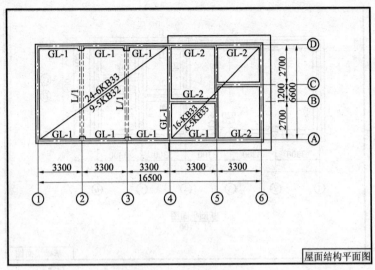

图 13-7　屋面结构平面图

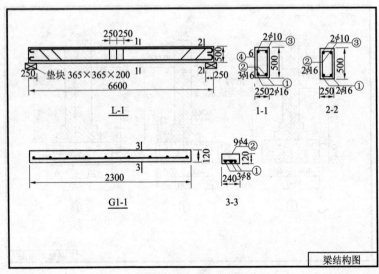

图 13-8　梁结构图

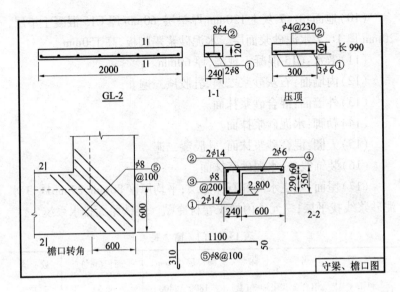

图 13-9 过梁、檐口图

13.1 用料说明

(1)基础:普通黏土砖与 M5 水泥砂浆砌筑,3:7 灰土垫层。

(2)墙身:普通黏土砖与 M2.5 水泥混合砂浆砌筑,厚 1 砖,混水。

(3)梁:C20 混凝土现浇。

(4)屋面板:钢筋混凝土多孔板(标准图)。

(5)过梁:C20 混凝土预制。

(6)檐口:圈梁及檐口板均为 C20 混凝土现浇。

(7)压顶:C20 混凝土预制。

(8)门:M-1 门为铝合金双扇地弹门;M-2 为单扇塑料门。

(9)窗:C-1、C-2、C-3 均为塑料窗,单层。

（10）地面:3：7 灰土 120mm 厚垫层、60mm 厚 C15 混凝土垫层，20mm 厚 1：2 水泥砂浆面层。水泥砂浆踢脚板,高 150mm。

（11）散水:C15 混凝土现浇,厚 60mm。

（12）内墙面:石灰砂浆二遍,乳胶漆二遍。

（13）外墙面:混合砂浆抹面。

（14）勒脚:水泥砂浆抹面。

（15）天棚:混合砂浆抹面,乳胶漆二遍。

（16）装饰线条:水泥砂浆抹面。

（17）屋面:现浇水泥蛭石保温层;平均厚度 80mm,20mm1：3 水泥砂浆线找平层;三元乙丙橡胶卷材冷贴。铸铁屋面排水系统。

表 13-1 门 窗 表

编　　号	名　　　称	洞口尺寸（mm）	面积（m²）	数　量
M-1	铝合金双扇地弹门	1800×2400	4.32	1
M-2	单扇塑料门	900×2400	2.16	2
C-1	三扇塑料窗	1800×2100	3.78	6
C-2	三扇塑料窗	1500×1500	2.25	3
C-3	三扇塑料窗	1500×1200	1.80	1

13.2　施工条件

（1）土质:Ⅱ类土。

（2）地下水位:地面下 6m。

（3）运距:预制构件厂离施工现场为 3km。

（4）脚手架:外架用钢管架、双排;里架用钢管架。

（5）垂直运输:用卷扬机。

（6）过梁、压顶现场预制。

（7）单梁、圈梁及挑檐现场浇筑。

（8）空心板在预制构件厂制作。

13.3　划分分部分项子目

根据本工程特点和施工条件、参照《全国统一建筑工程基础定额》（GJD—101—95），本工程分部分项子目划分如表 13-2 所列。

表 13-2　本工程分部分项子目划分

序	定额编号	分部工程	分项子目名称
1	1-5		人工挖基槽(二类土、2m 以内)
2	1-46	土、石方工程	回填土(夯填)
3	1-48		平整场地
4	4-1		砖基础
5	4-10	砌筑工程	混水砖墙(砖)
6	4-63		钢筋砖过梁
7	5-294		ϕ6 现浇构件圆钢筋
8	5-295		ϕ8 现浇构件圆钢筋
9	5-296		ϕ10 现浇构件圆钢筋
10	5-298		ϕ14 现浇构件圆钢筋
11	5-299		ϕ16 现浇构件圆钢筋
12	5-321		ϕ4 冷拔低碳钢丝(点焊)
13	5-323	混凝土及	ϕ6 预制构件圆钢筋
14	5-325	钢筋混凝	ϕ8 预制构件圆钢筋
15	5-355	土工程	ϕ6 箍筋
16	5-406		单梁现浇混凝土
17	5-408		圈梁现浇混凝土
18	5-430		挑檐现浇混凝土
19	5-441		过梁预制混凝土
20	5-453		空心板预制混凝土
21	5-481		压顶预制混凝土(按小型构件)
22	6-2		空心板运输(Ⅰ类构件,运距 3km)
23	6-33	构件运输 及安装工程	空心板安装(0.3m³,不焊接,卷扬机)
24	6-371		过梁压顶安装(0.1m³,不焊接,卷扬机)

序	定额编号	分部工程	分 项 子 目 名 称
25	8-1		灰土垫层
26	8-16		混凝土垫层
27	8-19		水泥砂浆找平层(在填充材料上)
28	8-23	楼地面工程	水泥砂浆地面
29	8-25		水泥砂浆台阶面
30	8-27		水泥砂浆踢脚板
31	8-43		混凝土散水面层一次抹光
32	9-18		三元乙丙橡胶卷材冷贴(满铺)
33	9-59		铸铁落水管(直径100)
34	9-63	屋面及防水工程	铸铁水斗(落水口直径100)
35	9-65		铸铁弯头
36	9-112		防水砂浆(平面)
37	10-202	保温隔热工程	现浇水泥蛭石
38	11-1		墙面石灰砂浆二遍(砖墙)
39	11-25		墙裙水泥砂浆
40	11-31	装饰工程	装饰线条水泥砂浆
41	11-36		墙面混合砂浆(砖墙)
42	11-290		混凝土天棚混合砂浆
43	11-606		乳胶漆(抹灰面,二遍)

13.4 工程量计算

建筑面积 $= 16.740 \times 6.840 = 114.50 (m^2)$

各分项子目工程量计算式:

(1)定额编号 1-5 人工挖基槽

挖基槽土方体积 $= 0.8 \times 1 \times (16.5 + 6.6 + 16.5 + 6.6 + 5.8 + 5.8 + 2.5 + 2.5) + 0.92 \times 1 \times 0.125 \times 4 = 50.24 + 0.46 = 50.7 (m^3)$

(2)定额编号 1-46 回填土

房心回填土体积 $= 0.1 \times (9.66 \times 6.36 + 3.06 \times 2.46 \times 2 + 3.06 \times 4.66 \times 2) = 0.1 \times (61.44 + 15.05 + 28.52) = 10.50 (m^3)$

基槽回填土体积 $= 50.7 - 15.07 - 0.24 \times (0.7 + 0.197) \times (6.6$

$+16.5+6.6+16.5+6.36+6.36+3.06+3.06)=50.7-15.07-14=21.63(\mathrm{m}^3)$

（3）定额编号 1-48　平整场地

平整场地面积 $=(16.74+2)\times(6.84+2)=18.74\times8.84=165.7(\mathrm{m}^2)$

（4）定额编号 4-1　砖基础

砖基础体积 $=0.24\times(1+0.197)\times(6.6+16.5+6.6+16.5+6.36+6.36+3.06+3.06)+0.365\times(1+0.12)\times0.125\times4=18.685+0.204=18.89(\mathrm{m}^3)$

（5）定额编号 4-10　混水砖墙（1 砖）

①轴线砖墙体积 $=4.5\times0.24\times6.6=7.128(\mathrm{m}^3)$

④轴线砖墙体积 $=0.24\times(4.5\times6.36-1.8\times2.4)-2.3\times0.12\times0.24=5.832-0.066=5.766(\mathrm{m}^3)$

⑤轴线砖墙体积 $=0.24\times(3\times6.36-0.9\times2.4\times2)-0.44\times1.4\times0.24\times2=3.542-0.2\%=3.247(\mathrm{m}^3)$

⑥轴线砖墙体积 $=0.24\times(2.8\times6.6)=4.435(\mathrm{m}^3)$

（A）轴线砖墙体积 $=0.24\times(4.5\times9.9-1.8\times2.1\times3)+0.24\times(2.8\times6.6-1.8\times2.4-1.5\times1.5)-2.3\times0.12\times0.24\times4-2\times0.12\times0.24+0.125\times0.365\times4.0\times2=7.971+2.858-0.265-0.058+0.365=10.871(\mathrm{m}^3)$

（B）轴线砖墙体积 $=0.24\times(3\times3.06-1.2\times1.5)-2\times0.12\times0.24=1.771-0.058=1.713(\mathrm{m}^3)$

（C）轴线砖墙体积 $=0.24\times(3\times3.06)=2.203(\mathrm{m}^3)$

（D）轴线砖墙体积 $=0.24\times(4.5\times9.9-1.8\times2.1\times3)+0.24\times(2.8\times6.6-1.5\times1.5\times2)-2.3\times0.12\times0.24\times3-2\times0.12\times0.24\times2+0.125\times0.365\times4\times2=7.97+3.355-0.199-0.115+0.365=11.376(\mathrm{m}^3)$

混水砖墙体积 $=7.128+5.766+3.247+4.436+10.871+$

227

$1.713 + 2.203 + 11.376 = 46.74(m^3)$

（6）定额编号 4-63 钢筋砖过梁

钢筋砖过梁体积 $= 2 \times 0.44 \times 1.4 \times 0.24 = 0.296(m^3)$

（7）定额编号 5-294 $\phi6$ 现浇构件圆钢筋

挑檐④号筋 $\phi6$ 质量 $= (6.72 + 0.6 + 6.84 + 1.2 + 6.72 + 0.6) \times 2 \times 0.222 = 10.07(kg)$

（8）定额编号 5-295 $\phi8$ 现浇构件圆钢筋

挑檐③号筋 $\phi8$ 质量 $= (0.22 + 0.33 + 0.82 + 0.05 + 0.33 + 0.04) \times 99 \times 0.395 = 70(kg)$（其中 99 为根数）

挑檐⑤号筋 $\phi8$ 质量 $= (0.04 + 0.31 + 1.1 + 0.05) \times 12 \times 0.395 = 7.11(kg)$（其中 12 为根数）

$\phi8$ 现浇构件圆钢筋质量 $= 70 + 7.11 = 77.11(kg)$

（9）定额编号 5-296 $\phi10$ 现浇构件圆钢筋

L-1 梁③号筋 $\phi10$ 质量 $= (6.56 + 0.13) \times 2 \times 2 \times 0.617 = 16.51(kg)$

（10）定额编号 5-298 $\phi14$ 现浇构件圆钢筋

圈梁①②号筋 $\phi14$ 质量 $= (6.6 + 0.12 + 6.6 + 0.24 + 6.6 + 0.12 + 0.54) \times 4 \times 1.208 = 100.6(kg)$

（11）定额编号 5-299 $\phi16$ 现浇构件圆钢筋

L-1 梁①号筋 $\phi16$ 质量 $= (6.56 + 0.2) \times 2 \times 2 \times 1.578 = 42.67(kg)$

L-1 梁②号筋 $\phi16$ 质量 $= (6.56 + 0.37 + 0.2) \times 2 \times 2 \times 1.578 = 45(kg)$

$\phi16$ 钢筋质量 $= 42.67 + 45 = 87.67(kg)$

（12）定额编号 5-321 $\phi4$ 冷拔低碳钢丝

查钢筋混凝土多孔板标准图，6KB-33 多孔板的 $\phi4$ 冷拔低碳钢丝质量（含 $\phi5$）为 7.05kg，现有 40 块，则 6KB-33 多孔板钢筋质量为 $40 \times 7.05 = 282kg$；5KB-33 多孔板的 $\phi4$ 冷拔低碳钢丝质量为 5.39kg，现有 15 块，则 5KB-33 多孔板钢筋质量为 $15 \times 5.39 = 80.85(kg)$。

GL-1 过梁②号筋 $\phi4$ 质量 $= (0.22 \times 9 \times 8) \times 0.099 = 1.57(kg)$

228

GL-2 过梁②号筋ϕ4 质量 $= (0.22 \times 8 \times 4) \times 0.099 = 0.7(\text{kg})$

压顶②号筋ϕ4 质量 $= (0.28 \times 33 \times 4) \times 0.099 = 3.66(\text{kg})$

ϕ4 预制构件钢筋质量 $= 282 + 80.85 + 1.57 + 0.7 + 3.66 = 368.78(\text{kg})$

(13)定额编号 5-323　ϕ6 预制构件圆钢筋

压顶ϕ6 钢筋质量 $= (0.98 \times 3 \times 33) \times 0.222 = 21.54(\text{kg})$

(14)定额编号 5-325　ϕ8 预制构件钢筋

GL-1 过梁①号筋ϕ8 质量 $= (2.28 \times 3 \times 8) \times 0.395 = 21.61(\text{kg})$

GL-2 过梁①号筋ϕ8 质量 $= (1.98 \times 2 \times 4) \times 0.395 = 6.26(\text{kg})$

ϕ8 预制构件钢筋质量 $= 21.61 + 6.26 = 27.87(\text{kg})$

(15)定额编号 5-355　ϕ6 箍筋

L-1 梁④号筋ϕ6 质量 $= (0.23 \times 2 + 0.48 \times 2 + 0.04 \times 2) \times 27 \times 0.222 = 9(\text{kg})$

(16)定额编号 406　单梁现浇混凝土

L-1 混凝土体积 $= (0.25 \times 0.5 \times 6.6) \times 2 = 1.65(\text{m}^3)$

梁垫块$(0.365 \times 0.365 \times 0.2) \times 4 = 0.11(\text{m}^3)$

L-1 梁混凝土总体积 $= 1.65 + 0.11 = 1.76(\text{m}^3)$

(17)定额编号　圈梁现浇混凝土

圈梁现浇混凝土体积 $= 0.24 \times 0.35 \times (6.6 + 6.6 + 6.6) = 1.663(\text{m}^3)$

(18)定额编号 5-430　挑檐混凝土

挑檐混凝土体积 $= 0.6 \times 0.06 \times (6.72 + 0.3 + 6.84 + 0.6 + 6.72 + 0.3) = 0.773(\text{m}^3)$

(19)定额编号 5-441　过梁预制混凝土

过梁预制混凝土体积 $= (0.12 \times 0.24 \times 2.3 \times 8 + 0.12 \times 0.24 \times 2 \times 4) \times (1 + 1.596) = (0.53 + 0.23) \times 1.015 = 0.771(\text{m}^3)$

(20)定额编号 5-453　空心板预制混凝土

空心板预制混凝土体积 $= (0.149 \times 40 + 0.133 \times 15) \times (1 + 1.5\%) = (5.96 + 1.995) \times 1.015 = 8.074(\text{m}^3)$

（21）定额编号 5-481　压顶预制混凝土

压顶预制混凝土体积 = (0.3×0.06×33)×1.015 = 0.603(m³)

（22）定额编号 6-2　空心板运输

空心板运输混凝土体积 = (5.96+1.995)×1.013 = 8.058(m³)

（23）定额编号 6-333　空心板安装

空心板安装混凝土体积 = (5.96+1.995)×1.005 = 7.995(m³)

（24）定额编号 6-371　过梁、压顶安装

过梁安装体积 = [(2.3×0.12×0.24×8)+(2×0.12×0.24×4)]×1.005 = (0.53+0.23)×1.005 = 0.764(m³)

压顶安装混凝土体积 = (0.3×0.06×33)×1.005 = 0.597(m³)

（25）定额编号 8-1　灰土垫层

基础灰土垫层体积 = 0.3×0.8×(16.5×2+6.6×2+5.8×2+2.5×2) = 0.24×62.8 = 15.07(m²)

地面灰土垫层体积 = 0.12×(6.36×9.66+3.06×2.46+3.66×3.06+3.06×2.46+3.66×3.06) = 0.12×(61.44+7.53+11.20+7.53+11.20) = 0.12×98.9 = 11.87(m³)

灰土垫层总体积 = 15.07+12.60 = 27.67(m³)

（26）定额编号 8-16　混凝土垫层

混凝土垫层体积 = 0.06×(6.36×9.66+3.06×2.46+3.66×3.06+3.06×2.46+3.66×3.06) = 0.06×98.9 = 5.94(m³)

（27）定额编号 8-19　水泥砂浆找平层

水泥砂浆找平层面积 = (9.66×6.36)+7.2×8.04 = 61.44+57.89 = 119.33(m²)

（28）定额编号 8-23　水泥砂浆地面

水泥砂浆地面面积 = 6.36×9.66+3.06×2.46+3.66×3.06+3.06×2.46+3.66×3.06 = 98.9(m²)

（29）定额编号 8-25　水泥砂浆台阶面

水泥砂浆台阶面面积 = 1.25×3.3 = 4.13(m²)

（30）定额编号 8-27　水泥砂浆踢脚板

水泥砂浆踢脚板长度 $= (9.66 + 6.36) \times 2 + (3.06 + 2.46) \times 2 + (3.66 + 3.06) \times 2 + (3.06 + 2.46) \times 2 + (3.66 + 3.06) \times 2 = 32.04 + 11.04 + 13.44 + 11.04 + 13.44 = 81(m)$

（31）定额编号 8-43　混凝土散水面层

混凝土散水面积 $= 0.9 \times (17.64 \times 2 + 7.74 \times 2) = 45.68(m)$

（32）定额编号 9-18　三元乙丙橡胶卷材冷贴

卷材冷贴面积 $= (9.66 + 0.5) \times (6.36 + 0.5) + (6.84 + 1.2) \times (6.6 + 0.25 + 0.6) = 69.70 + 59.90 = 129.6(m^2)$

（33）定额编号 9-59　铸铁落水管

铸铁落水管长度 $= 4.3 \times 4 = 17.2(m)$

（34）定额编号 9-63　铸铁水斗

铸铁水斗数量 $= 4$ 个

（35）定额编号 9-65　铸铁弯头

铸铁弯头数量 $= 4$ 个

（36）定额编号 9-112　防水砂浆

防水砂浆面积 $= 0.24 \times (16.5 \times 2 + 6.6 \times 2 + 6.36 \times 2 + 3.06 \times 2) = 0.24 \times (33 + 13.2 + 12.72 + 6.12) = 0.24 \times 65.04 = 15.61(m^2)$

（37）定额编号 10-202　现浇水泥蛭石

现浇水泥蛭石体积 $= 0.08 \times (9.66 \times 6.36 + 6.6 \times 6.6) = 0.08 \times (61.44 + 43.56) = 0.08 \times 105 = 8.4(m^3)$

（38）定额编号 11-1　墙面石灰砂浆

阅览室石灰砂浆面积 $= 4 \times (10.16 \times 2 + 6.36 \times 2) - 2.1 \times 1.8 \times 6 - 1.8 \times 2.4 = 132.16 - 22.68 - 4.32 = 105.16(m^2)$

门厅石灰砂浆面积 $= 3 \times (3.06 \times 2 + 2.46 \times 2) - 1.8 \times 2.4 - 1.8 \times 2.4 - 1.2 \times 1.5 = 33.12 - 4.32 - 4.32 - 1.8 = 22.68(m^2)$

办公室石灰砂浆面积 $= 3 \times (3.06 \times 2 + 3.66 \times 2) - 0.9 \times 2.4 \times 2 - 1.2 \times 1.5 - 1.5 \times 1.5 = 40.32 - 4.32 - 1.8 - 2.25 = 31.95(m^2)$

休息室石灰砂浆面积 = $3 \times (3.06 \times 2 + 2.46 \times 2) - 1.5 \times 1.5 - 0.9 \times 2.4 = 33.12 - 2.25 - 2.16 = 28.71(\text{m}^2)$

书库石灰砂浆面积 = $3 \times (3.06 \times 2 + 3.66 \times 2) - 1.5 \times 1.5 - 0.9 \times 2.4 = 40.32 - 2.25 - 2.16 = 35.91(\text{m}^2)$

石灰砂浆总面积 = $105.16 + 22.68 + 31.95 + 35.91 + 28.71 = 224.41(\text{m}^2)$

(39)定额编号 11-25　墙裙水泥砂浆

墙裙水泥砂浆面积 = $1.3 \times (10.02 + 6.84 + 10.02) + 1.2 \times (6.72 + 6.84 + 6.72 - 1.8) = 34.94 + 22.18 = 57.12(\text{m}^2)$

(40)定额编号 11-31　装饰线条水泥砂浆

压顶线条长度 = $2 \times (9.9 + 6.6 + 9.9 + 6.6) = 66(\text{m})$

挑檐线条长度 = $6.72 + 0.6 + 6.84 + 1.2 + 6.72 + 0.6 = 22.68(\text{m})$

(41)定额编号 11-36　墙面混合砂浆

墙面混合砂浆面积 = $3.5 \times (10.02 + 6.84 + 10.02) + (1.35 \times 6.84) - 1.8 \times 2.1 \times 6 + 2.1 \times (6.72 + 6.84 + 6.72) - 1.5 \times 1.5 \times 3 - 1.8 \times 1.5 = 94.08 + 9.23 - 22.68 + 42.59 - 6.75 - 2.7 = 113.77(\text{m}^2)$

(42)定额编号 11-290　混凝土天棚混合砂浆

混凝土天棚混合砂浆面积 = $9.66 \times 6.36 + 2 \times 0.5 \times 6.1 + 3.06 \times 2.46 + 3.06 \times 2.66 + 3.06 \times 2.46 + 3.06 \times 3.66 + 0.6 \times (6.72 + 0.3 + 6.84 + 0.6 + 6.72 + 0.3) = 61.44 + 6.1 + 7.53 + 11.20 + 7.53 + 11.20 + 12.89 = 117.89(\text{m}^2)$

(43)定额编号 11-606　乳胶漆

乳胶漆面积 = 墙面石灰砂浆面积 + 混凝土天棚混合砂浆面积 = $224.41 + 117.89 = 342.3(\text{m}^2)$

13.5　直接工程费计算

兹举出土石方工程及砌筑工程中各分项子目的人工费、材料费、机械费及合计的计算表,其他分项子目的直接费计算方法同例。

表 13-3　直接工程费计算表

序	定额编号	分项子目名称	计量单位	工程量	人工费		材料费		机械费		合计
					单价	合价	单价	合价	单价	合价	
1	1-5	人工挖基槽	100m³	0.507	808.92	410.12					410.12
2	1-46	回填土夯填	100m³	0.321	892.31	286.43					286.43
3	1-48	平整场地	100m²	1.657	142.46	236.06					236.06
4	4-1	砖基础	10m³	1.919	258.18	495.45	1508.75	2895.29	12.27	23.55	3414.29
5	4-10	混水砖墙	10m³	4.674	348.96	1631.04	1506.95	7043.48	170.02	794.67	9469.19
6	4-63	钢筋砖过梁	10m³	0.03	395.92	11.88	1508.30	45.25	167.07	5.01	62.14
…	…	……									

附录　常用算量公式索引表

中国建材工业出版社
China Building Materials Press

我们提供

图书出版、图书广告宣传、企业/个人定向出版、设计业务、企业内刊等外包、代选代购图书、团体用书、会议、培训，其他深度合作等优质高效服务。

编辑部	宣传推广	出版咨询	图书销售	设计业务
010-88386119	010-68361706	010-68343948	010-88386906	010-68361706

邮箱：jccbs-zbs@163.com　　网址：www.jccbs.com.cn

发展出版传媒　服务经济建设

传播科技进步　满足社会需求